当代建筑创作理论与创新实践系列

CONTEMPORARY
ARCHITECTURAL
THEORY AND PRACTICE

HOTEL BUILDING
酒店建筑

陈剑飞　主编

当代建筑创作理论与创新实践系列

黑龙江科学技术出版社
HEILONGJIANG SCIENCE AND TECHNOLOGY PRESS

图书在版编目（ＣＩＰ）数据

酒店建筑 / 陈剑飞主编. -- 哈尔滨：黑龙江科学
技术出版社, 2019.12
（当代建筑创作理论与创新实践系列）
ISBN 978-7-5719-0345-9

Ⅰ. ①酒… Ⅱ. ①陈… Ⅲ. ①饭店 – 建筑设计 – 研究
Ⅳ. ①TU247.4

中国版本图书馆 CIP 数据核字(2019)第 286611 号

当代建筑创作理论与创新实践系列——酒店建筑
DANGDAI JIANZHU CHUANGZUO LILUN YU CHUANGXIN SHIJIAN XILIE——JIUDIAN JIANZHU
陈剑飞　主编

项目总监	朱佳新
责任编辑	王　姝　刘松岩　刘　杨
封面设计	孔　璐
出　　版	黑龙江科学技术出版社
	地址：哈尔滨市南岗区公安街 70-2 号　　邮编：150007
	电话：（0451）53642106　传真：（0451）53642143
	网址：www.lkcbs.cn
发　　行	全国新华书店
印　　刷	哈尔滨午阳印刷有限公司
开　　本	889 mm×1194 mm　　　1/12
印　　张	20
字　　数	350 千字
版　　次	2019 年 12 月第 1 版
印　　次	2019 年 12 月第 1 次印刷
书　　号	ISBN 978-7-5719-0345-9
定　　价	198.00 元

目录 | CONTENTS

理论研究
THEORETICAL RESEARCH

设计作品
DESIGN WORKS

理论研究

THEORETICAL RESEARCH

BLURRING THE LINE: DESIGN TREND OF HOTEL BATHROOM
界限模糊化
——酒店卫浴空间设计趋势探析

盛开 I Sheng Kai

一、酒店卫浴的转变

从事酒店设计的专业建筑师们都知道酒店设计开始于室内空间的规划，而非全然取自建筑外部轮廓。客房空间和模数尺寸往往是设计的切入点，也是客人评价酒店入住体验的一个关键衡量标准。不管哪种酒店，客房通常包括起居、睡眠、工作、沐浴和着衣这几大功能区域。多年以来，这些不同功能区域的组合已经形成极具效率的空间逻辑而彼此界定。然而，近年来许多酒店的客房设计都出现了一些微妙的变化，功能区域间的界限开始变得模糊，并逐渐形成一种新的时尚与潮流。很多高端酒店不再纠结于平板电视的尺寸，也不再盲目投资最新的室内科技装配，而将重心转向浴室的奢华体验。从这个意义上说，浴室设计成为新时代的"平板电视"。

卫浴空间是客房设计的一个重要元素。曾经在相当长的时期内，酒店浴室设计大都很相似，区别仅仅在于选用的材料、造价，包含淋浴还是浴缸或两者兼有。然而，近十年，浴室布局设计发生了较大变化：首先表现为面积显著增大，一些案例的浴室面积几乎占到了客房的一半；其次，浴室设计开始从只有三四个装置的标准浴室升级到高端的双洗手池、多向喷头淋浴、奢华浴室布置——有雕塑感的浴缸和旋涡按摩浴缸变得时髦；再次，越来越多的浴室设计开始像水疗中心一样，特别是那些高端品牌酒店，出现以一整块石材雕出的浴缸为中心设计的标准客房（图1），近期开业的高端奢华酒店如上海半岛酒店也深化了这个潮流（图2），并成为更多设计师仿效的样板。

为了容纳越来越大的浴室，空间模式的转变悄然兴起。以透明模式分隔浴室和卧室的设计手法开始被采用，在Phillipe Starck设计的伦敦Sanderson酒店中可以看到层层帘幕（图3），在北京柏悦酒店客房中出现可开闭的滑动拉门（图4）。此外，玻璃墙、百叶、可在透明和不透明之间切换的隔墙等，都成为实现同一目的的不同手法。另外，一些酒店甚至把浴缸挪到客房，这更使得卧室和浴室产生了功能上的模糊。

二、卫浴空间的景观需求与设计体验

作为酒店设计师，我们可以发现，从经济连锁酒店到高端度假酒店都体现出卫浴空间的变化（图5）。尽管其中一些案例并不成功，但新颖的卫浴空间处理手法均对客房空间感受产生了不同程度的影响，其中最重要的考量因素是对房间空间感受的强化、更为贴合房间居住者的心理诉求以及客房设计所提供的私密程度等。所以，浴室布局设计趋向开放化是受多种因素影响的，而不只是以追求更大的客房空间感受为目的。

1. 景观需求

酒店运营者注意到客人在酒店的时间有很大一部分是在浴室中度过的。因此，浴室的休闲享受功能被逐步强化，很多酒店在浴室增加了电视、艺术品，甚至采用更多昂贵奢华的装饰材料或增加水疗功能。在一些开放式格局的酒店中，浴室得到了以前仅提供给卧室的视野。例如在新加坡的Ritz-Carlton酒店，浴缸被安排在六角形窗旁边（图6）而拥有美丽的城市景观。

开放的浴室布局将浴室视野最大化，同时浴室和卧室还将得到更好的自然采光。过去，浴室大多依赖人工照明，现在，很多度假酒店为顾客提供不断享受自然元素的机会，有的采用室外浴缸或与窗相邻或被窗包围的浴缸。马尔代夫的Huvafen Fushi酒店正是一个很好的例子（图7）。这里，私人别墅浴缸悬挑在海水上方，坐在浴缸里的客人们拥有360°视野。在Archilier近期为海南设计的一座度假酒店中，我们设法将按摩浴缸设置在客房阳台上，这样客人们就可以在浴缸里享受"天海一线"的景观。浴室也面向卧室开放，客人可以从卧室直接透过浴室感受到海的气息，也可在沐浴的同时观看电视节目。

高档度假酒店的浴室设计如此受欢迎，一些城市酒店充分利用了壮丽的城市景观，对浴室进行了新的"都市化"的诠释。在香港文华东方酒店，浴室被窗包围（图8），强化繁华的都市景观效果（图9）。

很多酒店设计者已经意识到并积极发掘这一方面内容：合理的酒店位置选择在于摆脱城市的混乱，使客人可以得到足够的放松以及照顾。户外浴缸的设置表明酒店需要有良好的地理位置以及适宜的温度，也要保证客人享受沐浴时的足够私密性。虽然这个构想被很好地运作着，但它已经在人口稠密的地方被不可思议地颠覆了。例如在伦敦和纽约就存在一种新的趋势：浴室作为不羁者们的窥视位置而被使用。纽约的The Standard酒店将浴缸置于室内角落里的两扇窗前，市中心哈得孙河边上的曼哈顿酒店也将浴缸设置于客人可以饱览日落美景的位置。当有报告说建筑工人能够直接看到酒店内部之后不久，酒店开始在他们网站上公布实况视频，证明了酒店对于这种特殊价值的兴趣。该酒店处于纽约比较破旧的地区，但通过他们对浴缸细部的关注，已经引起了

1　北京柏悦酒店"水疗中心"
　　式的客房浴室
2　上海半岛酒店标准浴室——
　　浴缸旁设有嵌入式电视
3　Sanderson酒店客房——浴
　　室仅被几层帘幕隔开，没有
　　隔墙
4　北京柏悦酒店客房——当推
　　拉门打开时，浴室向卧室开
　　敞，十分通透
5　新开业的天津威斯汀酒店的
　　浴室和卧室
6　新加坡Ritz–Carlton酒店
7　马尔代夫Huvafen Fushi酒店
　　特有的悬挑在海上的浴缸
8　香港文华东方酒店客房浴室
　　三面被窗环绕
9　从浴室能望到阳台外的客房

1

2

3

4

5

6

7

8

9

10   11

12   13   14

纽约媒体的注意，并且在高度竞争的市场上获得成功，现已成为最时髦的奢华消费场所。

2. 设计体验

伦敦Sanctum酒店（图10）将客人假想为摇滚明星。浴缸摆放在卧室中也就理所当然：镜面柱子后面隐藏着置于一大片闪闪发光的鹅卵石上的浴缸，特殊的场景成为这家酒店客房的中心。

一些酒店使用开放浴室设计是为了提供价值冲击，而一些酒店将浴缸放在比较公共的位置是为了唤起人们对旧时的记忆。在du Vin酒店（图11），卧室中老式浴缸在梳妆台的陪衬下彰显出过去时代的端庄。在老式酒店楼内，浴缸可能被放于厨房，也许是洗涤槽下面，或者其他位置，配有合适的装修使得浴缸看起来古色古香，这与The Standard酒店及Sanctum酒店的目的恰恰相反。

大量的日本酒店追求为客人创造美好的洗浴体验，这是因为日本的传统信仰将浴室作为一个治病场所。在日本九州的启阿苏度假村（图12），每间客房都拥有一个户外洗浴温泉。温泉被树木所包围达到私密效果，充分给予客人最轻松的体验。

三、设计上的反思、质疑、权衡

开放浴室是一个新的趋势，其受欢迎程度已经在一些酒店中得到印证。某品牌酒店在客房设置冲浪浴缸，并通过酒店客人来宣传浴缸品牌。酒店品牌与浴缸品牌合作，进一步提升了品牌的市场价值。然而，仅关注品牌效应而忽略浴室设计的完整性——将浴缸远离窗户设置，就无法为客人提供任何附加娱乐资源。较

为成功的方案应是将浴缸设计作为酒店设计概念的一个细节，而非一种缺少设计考虑的营销策略（图13）。

开放式浴室的目的是为潜在客户营造具有独特体验的舞台，但也存在矛盾性。如果客人与同事、父母、孩子或思想传统的人共住一间的话，有些开放性的设计手法会令人感到不自在，客人很可能在看到这种布局后更换酒店（图14）。

有些酒店成功地使用临时性的开放浴室计划，尽管这种情况对设计方案而言并没有特殊的重要意义，但却能为商住和度假的旅客提供极大的方便。很多酒店为了让浴室具有更大的开合性，开始尝试使用可开放更多空间的浴室门。英国肯特的布鲁宫酒店采用了一种创新的方式：浴室墙由半透明的玻璃制作，这种玻璃在开关的控制下可以快速变成不透明的。因此，客人可以优雅地选择开放或私密的布局。

四、结语

从主流文化到当代先锋设计，从传统保守到前卫时尚，从最形而上到最经济适用，各种酒店类型中都出现了客房浴室状态的变更，更多的技术手段会逐渐出现，但是设计师应该铭记：对一个成功的酒店设计而言，客人的实际体验应是所有客房方案设计的首要关注点。

（注：全文配图由Archilier提供）

10 伦敦Sanctum酒店的浴缸
11 英国du Vin 酒店客房
12 日本九州启阿苏度假村
13 把冲浪浴缸请进酒店客房内的某品牌酒店
14 带开放式浴室的客房

ON THE MEANS OF CHARACTERISTICS EXPRESSION OF SEASHORE HOLIDAY HOTELS
海滨度假酒店的特色表达

张春利　乔文黎 I Zhang Chunli　Qiao Wenli

一、背景

近年来，由于人们追求生态、回归自然的需求提高，对于旅游建筑的要求不断提升，而海滨度假酒店能充分利用阳光、沙滩、海水等自然资源，受到众多游客的青睐。我国的海洋资源丰富，海滨度假酒店在我国必将迎来迅速的发展。海滨度假酒店的特色设计对其是否能长期持续地满足人们度假休闲的需求，是否能持续产生盈利的效果有着极其重要的意义，挖掘特色是塑造海滨度假酒店魅力的核心问题，如何能在同类酒店中脱颖而出，营造出特色独具的度假酒店，成为我们创作中首要考虑的问题。

二、过渡空间

过渡空间是指衔接建筑与环境的一类特殊空间。而对于海滨度假酒店而言，特指将酒店建筑的室内空间与其所依托的水环境有机联系起来的空间。具体来说包括两大部分：其一是酒店建筑内部可以从视觉上直接感知到水环境的半开敞空间，如外廊、露台、大堂等。其二是指酒店建筑与水面之间的外部环境空间，这其中既包括人工化环境如泳池、铺地、环境小品等，也包括自然化的环境如沙滩、海滨椰林等。总之，过渡空间是海滨度假酒店中海水环境与酒店建筑相互渗透、互相影响的空间，它兼有室内、室外空间的部分特点，强调与大海在空间上、视线上的融合，以此来柔化建筑边界，将海景要素有序地引入建筑内部空间，其设计的好坏直接影响到酒店建筑群与海洋环境的统一性。

在海滨度假酒店中应尽量利用面海的内部公共空间（大堂、餐厅、廊道等）来形成过渡空间。其设计方法是在条件允许的情况下尽可能开敞，形成室内外环境互相交融的半开敞空间。其原因在于此类公共空间是人们活动和交往的主要空间，同时也是酒店服务的主要对象，开敞设计能让度假者在享受酒店服务时体验海滨地区特有的水体景观和自然风光，许多热带的海滨酒店都采用了这种方式。例如位于亚龙湾假日酒店的大堂吧，采用大面积的折叠式木窗，平时完全收起，可以保证良好的开敞性。此外，这些公共空间的尺度比一般的度假酒店也要大，因为这样才能保证过渡空间视线的开敞性和活动的多样性，例如，位于毛伊岛的丽思卡尔顿度假酒店，其面水的外廊有6 m宽，既可以作为交通空间，也可以摆上餐桌形成半开敞的景观餐厅。

露台与屋顶平台是海滨度假酒店中运用最广泛也是最能反映海滨特色的过渡空间。其不仅能大大增加海滨度假酒店中对海洋感知的面积，而且也能提供更为开敞的景观视野。同时，露台和屋顶平台能支持多种度假活动，如观景、交谈、日光浴等等，这些活动既可以是公共性质的（公共的露台和屋顶平台），也可以是私密性质的（从属于客房的小露台）。希腊Katikies度假酒店是利用高差而做的退台式建筑，上一个平台通过直跑楼梯下到露台上，人们随着高度的变化移步换景，使酒店空间更富情趣（图1）。

在海滨度假酒店中位于建筑外缘和海岸线之间的过渡空间的作用在于提供度假者某些室外活动的内容，如游泳、聚会和游戏等，并弱化建筑对于海滨地区的影响，使度假酒店与海洋环境融为一体。因此，此类环境的处理应以尊重海洋的自然形态为主，在适量改造的基础上提供可能的游憩活动方式。由于人们观察近景时视线较集中，视野较窄，人工环境的细节能够丰富其感受，所以许多海滨度假酒店在其外部过渡空间中靠建筑物的一侧布置许多小型的水体，如泳池、跌水等，其周围的娱乐休闲设施和人造环境也较多。随着与海面距离的缩小，人工环境慢慢让位于由沙滩、海浪和椰子树构成的天然的海滨风光。这种"内紧外松"渐变的方式，有助于人们慢慢适应海滨宽广而震撼的自然景观，避免突兀感。

三亚喜来登酒店在设计中完美体现了海滨度假酒店过渡空间的特色，视线从酒店入口到高敞的大厅、通透的大堂吧，再被引导到室外的天光水池，而远处就是宽阔蔚蓝的大海，内外空间的转换顺畅而不着痕迹。酒店首层公共空间与泳池直接相连，泳池中镶嵌形态各异的高低植物，平台与小桥穿插其间，雕塑小品错落有致，这其中最迷人的部分是与海景大堂直接相连的天光水池，它使得大堂、泳池、海面之间形成"水天一色"的景观，建筑仿佛是海面的自然延伸，把建筑与海面紧紧联系在了一起（图2），清新的海风扑面吹来，这一切在不经意间让游客为美丽的自然风光所陶醉。

三、客房

对于海滨度假酒店来说，客房的设计是其最重要的一方面，客房对于入住者来说，是其在酒店内的主要的活动场所，客房的功能布局、面积大小、装饰风格、光照条件、照明效果、卧具、用具、视听设备、通信方式、空气质量以及卫生整洁程度等，将会给客人以深刻的印象，从而决定着酒店经营的成败。

客房不仅仅要为人们提供便捷舒适的居住环境，更重要的是给客人带来平和、安静以及放松的感觉。所以在海滨度假酒店的客房设计中，应充分体现对大海及其自然环境的珍爱与尊重，让客人在享受到舒适、休闲、愉悦的同时，也能和自然亲密接触。

海滨度假酒店标间在设计尺度上较城市酒店有很大区别，一般面宽范围在5 m左右，面积可达50～60 m²，卫生间面积都在10 m²以上，确实给人一种豪放之感。相别此处，标间在有些方面设计得特别细腻，比如工作空间、起居空间家具的布置都要考虑景观需求，常会面对室外景观而布置，这些都应该充分考虑到旅客的居住行为习惯，体现到建筑设计当中。

这也就涉及另外一个主要特色，就是最大限度地满足人们观景的需要。这种特色的产生和当地自然景观的存在是分不开的，同时也和当地的环境特征、自然地理条件和游客的性质息息相关，可以说是地域性特征的一种体现。从实际设计来看，客房层是内走廊型的，一般都与海滩垂直，以保证大部分的客房都能与水体形成至少90°视线角，也就是保证在所有的客房里都能看到水面。例如三亚喜来登酒店平面采用了"U"形的总体布局，这样的布局保证了75%的客房可以看到海景，同时也避开了用地南侧与沙滩大海之间天然形成的沙坝。

卫生间的设计对体现客房特色尤为重要，打破固有的封闭式布局，通过低窗、落地玻璃门、玻璃栏板来增加景观眺望价值，除引入充足的阳光之外，还将通常设计中卫生间与客房间的隔墙打通，浴盆或淋浴间靠海景一侧设置，外窗设计为可开启的百叶窗或设计成完全开敞的软性窗帘，使旅客在沐浴放松中仍能享受扑面而来的海风、海景，时时刻刻都能感受到海的魅力（图3）。

1 希腊Katikies度假酒店
2 三亚喜来登度假酒店泳池和海面的关系
3 三亚红树林酒店卫生间

4

4 印度湾岛酒店

四、造型和材质

海滨酒店大多处于优美的自然风景区，所以海滨度假酒店建筑的造型设计，不仅包括建筑实体和空间的组合关系，同时也应该注意建筑和实体形成的海滨环境场所，即应该与周围环境相协调，体现一种放松、休闲、浪漫的度假情怀，来打动居住于其间的每一位使用者。

长期生活在一个地方的人们，对一个地方材料的认识和运用已不是仅仅停留在物质层面上。这些材料的质地、肌理、色彩甚至气息与他们的日常生活水乳交融，构成了他们记忆和情感的深层内容，成为当地建筑传统和文化的一部分。因此采用当地材料的度假酒店能很好地体现当地建筑的传统和文化特色，为度假者营造一种富有当地特色的度假环境。

由印度建筑师查尔斯·柯里亚设计的湾岛酒店综合体现了影响度假酒店造型和材质的各方面的要素：运用结合地形和气候特点的传统建筑形式和装饰元素。此外柯里亚还通过研究和利用学习地域特征使得该酒店对当地的气候做出了很好的回应，体现他一贯的"乡土建筑"风格和"形式追随气候"的思想。湾岛酒店位于西印度安达曼群岛的布莱尔港，这里长期以来就是一个风景迷人的旅游胜地。酒店基地是一个从海边延伸出来的坡地，终年享受着从海上吹来的和煦季风和阿拉伯海温暖的阳光，在印度的许多地方你都会发现为了利用从海上吹来的凉爽季风和阳光而产生的独特的建筑形式。例如，位于南印度湿热气候下的有着一千年历史的宫殿，其地面采用了逐级升高的金字塔形，与覆盖其上的坡屋顶的坡度基本吻合，这种形式不仅是对当时社会等级制度的模拟，也在结合当地气候上取得了良好的效果：首先它不需要额外的维护墙体来遮阳防晒；其次避免了内部视线被阻隔并将其引向底层周围的清凉草地，而给人以舒适的感觉。其主要的公共空间——入口、餐厅和会议室形成了一系列从山上跌落的平台。挑檐很深的坡屋顶采用当地一种叫安达曼紫檀的红木制作，它不仅提供了良好的景观视线，也有利于室内外空气的流通，在低能耗的情况下实现了建筑对室内气候的调节作用。此外，这些屋顶所形成的"灰空间"也使得室内外空间相互渗透（图4）。

再比如喜来登酒店，其建筑风格自然纯朴。屋顶采用坡顶形式，外墙装饰材料采用大粒喷涂，效果朴实而极具休闲韵味，在强烈的热带阳光下，有着丰富的光影和令人心醉的纯洁。建筑色彩的选择来自周围环境的影响；坡屋顶颜色来源于青绿色的大海和远山，外墙颜色来源于白色的沙滩，再加上原木色的栏杆和各种木构件，构成了整体朴实自然的效果，使建筑"消失"在周围环境之中。

五、景观环境

到休闲度假区消费的人群，其最基本的目的在于寻找城市中所没有的环境体验。相当比例的高消费者是社会上的精英阶层，平日工作压力巨大，对于休闲度假的要求以静养为主。景观设计是满足这种"换个环境"的需求的最佳手段。景观设计师可以根据度假区所在地域的自然及气候条件，利用当地丰富的植物资源，创造极具特色的休闲度假环境。通过与业主和与设计团队沟通，景观设计师可以将度假酒店居住者的注意力引向外围的景致。同时可以用造景手法，将周边的独特环境引入酒店，从而大幅度提高酒店物业的卖点，加深消费者的记忆，并提升酒店的知名度。

在印尼巴厘岛的四季酒店的景观花园中，超过2 500株本岛的

5　　　　　　　　　　　　　　　　　6

阔叶树，还有灌木丛、野生蕨类植物及大量花卉等被重新培植起来以恢复丛林的自然面貌。此外，在植物的搭配上更加合理，种植更加有序，更有变化；在内容上还增加了自然水景等；在道路等材料的使用上注重肌理、质感和色彩的选择。经过近十年的努力，园丁们终于再现了体现地域特色的自然丛林景观（图5）。

博鳌亚洲论坛度假酒店的景观通过对当地民俗及民居建造手法的吸收与再创造，并充分考虑利用本土的材料，采用了许多新颖的处理手法。同时还将石雕等手工艺作品有机地融入酒店的环境之中，配以加强气氛的灯光设计，使民族工艺焕发出新的生命力。

考虑到消费者的具体要求，度假酒店应在其环境设计中适当融入与酒店相配套的消费功能与场所，而这些室外活动又可成为酒店的亮点与卖点。完善的度假酒店应依其所在地的气候条件，结合室外景观，设置适宜的室外活动，如游泳池、餐饮设施、棋牌活动、网球、按摩、理疗等。热带酒店可加入水吧、滑水道等内容，有温泉资源的地方可以将温泉与景观相结合，给人以不同的体验。消费活动的室外化，关键在于适度和具有特色。适当的策划与设计，将为投资者带来综合性的回报。

三亚银泰度假酒店为充分满足消费者度假、旅游、休闲等多方面功能要求，以景观湖为中心进行景观设计，围绕湖面布置形态各异的室外平台和休闲座椅并在其间穿插绿岛，使景观富于变化。露出地面的地下通风井被巧妙地加以利用，与景观融为一体，更增加了景观湖的竖向层次，使景观延伸形成"水天一色"的奇妙效果。景观湖作为演出和室外聚会的天然背景，自然跌水和人造喷泉使湖面充满动感，与人们的舞步和乐曲的旋律交相呼应。此外，每个湖边绿岛都通过不同的小品设施来提升景区的趣味性和观赏性（图6）。

六、结语

海洋是人类最宝贵的资源，是人类生存环境的重要组成部分，与人类的生存与发展息息相关。每座海滨度假酒店都是人们对于自然及文化沟通之后的宝贵体验，都是人们对生活的体会和灵感，风格各异、各具特色的海滨度假酒店，不仅丰富了海滨旖旎的风景，也反映了人们对美好生活的期望。

参考文献

[1] 金卫钧，张耕，孙勃. 亚龙湾一道亮丽的风景：三亚喜来登酒店设计. 建筑创作，2004（8）:112-128.

[2] 张文进. 现代旅游方式下的旅馆策划及设计原则探讨. 西安：西安建筑科技大学，2003.

[3] 杜松. 融入如画风景中：海南博鳌水城一期金海岸大酒店设计. 建筑创作，2003（5）：66-97.

[4] 魏小安. 休闲度假的特点及发展趋势.饭店现代化，2004（11）：12-17.

[5] 何川，高力. 三亚海坡度假村的环境设计与土地利用. 建筑学报，1994（3）：39-42.

[6] 孙韬. 度假酒店建筑公共空间设计研究. 长沙：湖南大学，2005.

[7] 甘露. 度假酒店的地域性研究. 长沙：湖南大学，2005.

5 巴厘岛四季酒店景观设计
6 三亚银泰酒店的室外环境

A BRIEF ANALYSIS ON THE DESIGN OF THE FIVE-STAR SEASHORE HOTEL LOBBY IN SANYA, HAINAN

三亚滨海五星级度假酒店大堂区设计浅析

吴永臻 I Wu Yongzhen

滨海度假酒店的大堂区是人们体验酒店特色和酒店建造水平的重要场所，是人们到达酒店各区的必经之地，是度假酒店向客人开放的第一扇窗户。从酒店管理角度看，大堂区是度假酒店的一个控制中心，工作人员可以在此处理酒店的内外事务；从酒店建筑设计的角度看，大堂区是联系酒店餐饮、会议、客房、康体等其他功能区域的交通空间枢纽，是度假酒店空间体系的核心所在。

因此，滨海度假酒店大堂区的设计对酒店的品牌树立和经营便利起到至关重要的作用。如何发挥海南三亚的滨海地域特色，成功塑造高级休闲度假品牌，营造有别于东南亚风情的本土化热带度假酒店大堂，已成为三亚滨海度假酒店建筑设计的重要课题。

一、大堂区的规模指标

了解三亚滨海五星级度假酒店大堂区的规模指标是研究其总体设计的开始。在方案设计初期，设计师需要对大堂区的规模有一个概念性的定量分析，包括大堂区的面积、开间尺寸、建筑高度等，这些都与酒店的经营规模和经营理念有关。

表1为笔者经实地调研，对三亚大部分滨海五星级度假酒店的大堂区的规模指标进行的统计分析。

从表格中可以清晰归纳出三亚滨海五星级度假酒店大堂区规模指标的特点：

第一，大部分三亚滨海五星级度假酒店大堂区都能给客人宽松的空间感受，具有豪华、高档的度假氛围，这类大堂区的面积指标一般在3.0 m²/间以上，大堂区高度一般都在8 m以上。

第二，部分三亚滨海五星级度假酒店大堂区所营造出来的空间感受比较舒适，有一定的度假氛围，这类大堂区的面积指标一般在1.20～2.00 m²/间，大堂区高度在5～8 m。

第三，大堂区的面积指标在1.20 m²/间以下，和城市旅馆的面积指标相仿，这样的滨海度假酒店由于室内空间尺度较小，能够

表1 三亚部分滨海五星级度假酒店大堂区规模指标统计

酒店	建成年份	规模 / 间	大堂区面积 / m²	每客房大堂面积 / m²	开间尺寸 / m		高度 / m	空间感受
					面宽	纵深		
三亚亚龙湾假日度假酒店	2001	346	约1 380	3.98	49	31	7	宽松
三亚爱琴海岸康年套房度假酒店	2008	130	约200	1.54	16	13	5.1	亲切
三亚天域度假酒店一期	1997	359	约510	1.42	23	25	3.5，局部7.0	压抑
三亚天域度假酒店二期	2005	428	约510	1.20	21	14	7.5～9.0	舒适
三亚亚龙湾红树林度假酒店	2005	502	约570	1.14	14	27	4.8～9.0	亲切
三亚喜来登度假酒店	2003	511	约1 880	3.68	31	55	12～20	宽松
三亚万豪度假酒店	2004	452	约2 040	4.51	36	36	5	宽松
金茂三亚希尔顿大酒店	2006	501	约675	1.35	33	25	6～16	舒适
金茂三亚丽思卡尔顿酒店	2007	450	约1 720	3.82	40	43	15	宽松
三亚文华东方酒店	2009	297	约1 730	5.82	32	18	4.5～9.0	宽松
三亚湘投银泰度假酒店	2003	416	约400	0.96	20	20	5.4	压抑
三亚悦榕庄	2008	61	约1 280	20.98	48	32	6～9	宽松
三亚山海天大酒店	1998	227	约750	3.30	32	19	5	舒适
海南鹿回头国宾馆	2010	260	约830	3.19	40	23	6.0～9.6	宽松
三亚明申锦江高尔夫酒店	2010	243	约750	3.10	21	29	8～11	宽松
三亚凯宾斯基度假酒店	2007	408	约1 600	3.92	30	49	8	宽松
三亚海航度假酒店	2000	413	约1 350	3.27	50	24	15.6	宽松
三亚天福源度假酒店	2004	474	约1 350	2.85	33	36	6.0～9.5	宽松
三亚湾假日酒店	2005	226	约1 030	4.56	40	32	8	宽松
三亚天通国际大酒店	2010	358	约1 375	3.84	29	25	9	宽松
三亚国光豪生度假酒店	2008	1160	约4 509	3.89	55	28	9～19	宽松
三亚海韵度假酒店	2009	561	约400	0.71	18	16	4.0～7.5	亲切

表2 三亚部分滨海五星级度假酒店大堂区平面示意图

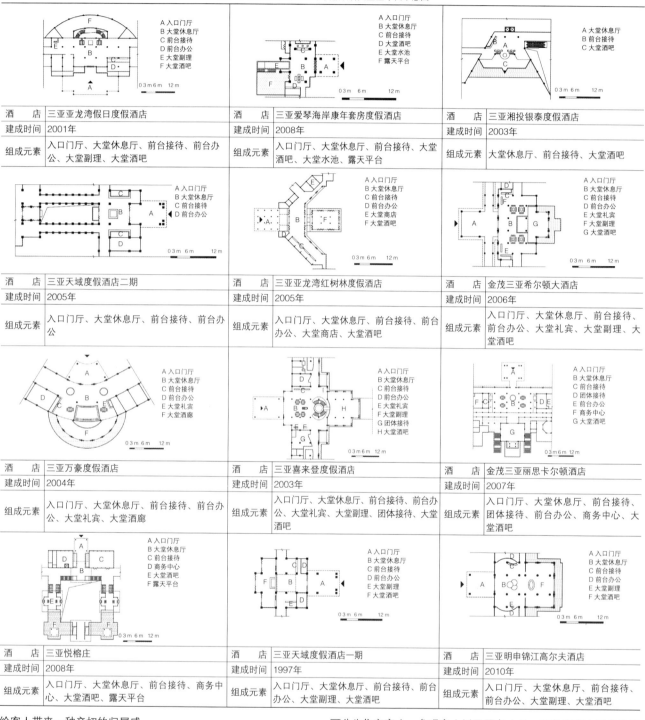

酒店	三亚亚龙湾假日度假酒店
建成时间	2001年
组成元素	入口门厅、大堂休息厅、前台接待、前台办公、大堂副理、大堂酒吧

酒店	三亚爱琴海岸康年套房度假酒店
建成时间	2008年
组成元素	入口门厅、大堂休息厅、前台接待、大堂酒吧、大堂水池、露天平台

酒店	三亚湘投银泰度假酒店
建成时间	2003年
组成元素	大堂休息厅、前台接待、大堂酒吧

酒店	三亚天域度假酒店二期
建成时间	2005年
组成元素	入口门厅、大堂休息厅、前台接待、前台办公

酒店	三亚亚龙湾红树林度假酒店
建成时间	2005年
组成元素	入口门厅、大堂休息厅、前台接待、前台办公、大堂商店、大堂酒吧

酒店	金茂三亚希尔顿大酒店
建成时间	2006年
组成元素	入口门厅、大堂休息厅、前台接待、前台办公、大堂礼宾、大堂副理、大堂酒吧

酒店	三亚万豪度假酒店
建成时间	2004年
组成元素	入口门厅、大堂休息厅、前台接待、前台办公、大堂礼宾、大堂酒廊

酒店	三亚喜来登度假酒店
建成时间	2003年
组成元素	入口门厅、大堂休息厅、前台接待、前台办公、大堂礼宾、大堂副理、团体接待、大堂酒吧

酒店	金茂三亚丽思卡尔顿酒店
建成时间	2007年
组成元素	入口门厅、大堂休息厅、前台接待、团体接待、前台办公、商务中心、大堂酒吧

酒店	三亚悦榕庄
建成时间	2008年
组成元素	入口门厅、大堂休息厅、前台接待、商务中心、大堂酒吧、露天平台

酒店	三亚天域度假酒店一期
建成时间	1997年
组成元素	入口门厅、大堂休息厅、前台接待、前台办公、大堂副理、大堂酒吧

酒店	三亚明申锦江高尔夫酒店
建成时间	2010年
组成元素	入口门厅、大堂休息厅、前台接待、前台办公、大堂副理、大堂酒吧

给客人带来一种亲切的归属感。

第四，当大堂区的高度低于5 m时会给人一种压抑的空间感受，降低大堂区给人的舒适度，影响第一印象（图1~图3）。

二、大堂区的流线分析

在三亚滨海五星级度假酒店大堂区中，使用者按照性质不同可分为住宿客人、参观客人以及服务人员，而住宿客人又分为零散客人、团体客人和特殊客人三类。在流线设计上应当尽量使客人流线和服务流线互不干扰且清晰明了，提高酒店运营的效率和服务质量。下文笔者将对以上几种流线进行分析（图4）。

1.零散客人流线

普通客人指的是零散客人，和团体客人相对应。他们入住的

续表

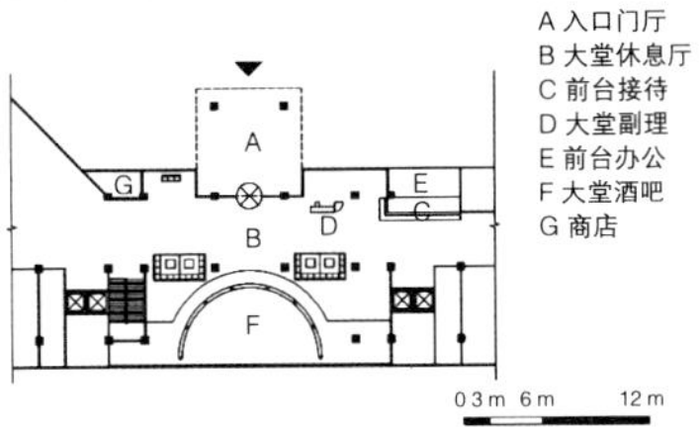

酒　　店	三亚山海天大酒店
建成时间	1998年
组成元素	入口门厅、大堂休息厅、前台接待、大堂副理、前台办公、大堂酒吧、商店

A 入口门厅
B 大堂休息厅
C 前台接待
D 大堂副理
E 前台办公
F 大堂酒吧
G 商店

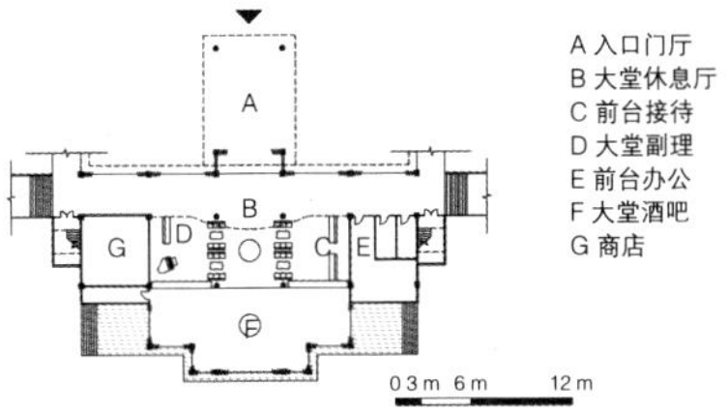

酒　　店	海南鹿回头国宾馆
建成时间	2010年
组成元素	入口门厅、大堂休息厅、前台接待、大堂副理、前台办公、大堂酒吧、商店

A 入口门厅
B 大堂休息厅
C 前台接待
D 大堂副理
E 前台办公
F 大堂酒吧
G 商店

A 入口门厅
B 大堂休息厅
C 水池
D 前台接待
E 大堂酒吧
F 商务中心

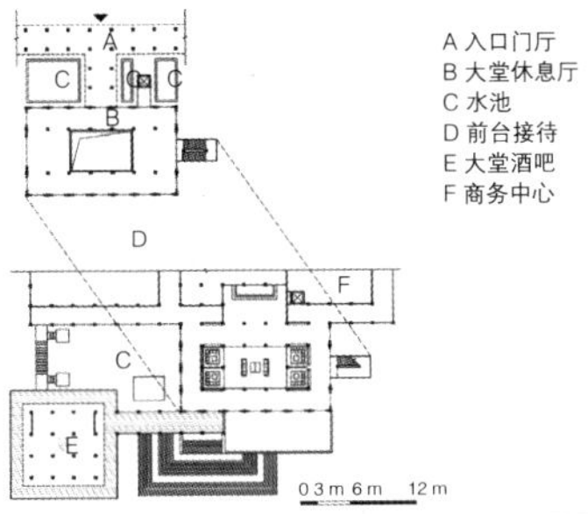

酒　　店	三亚文华东方酒店
建成时间	2009年
组成元素	入口门厅、大堂休息厅、水池、前台接待、大堂酒吧、商务中心

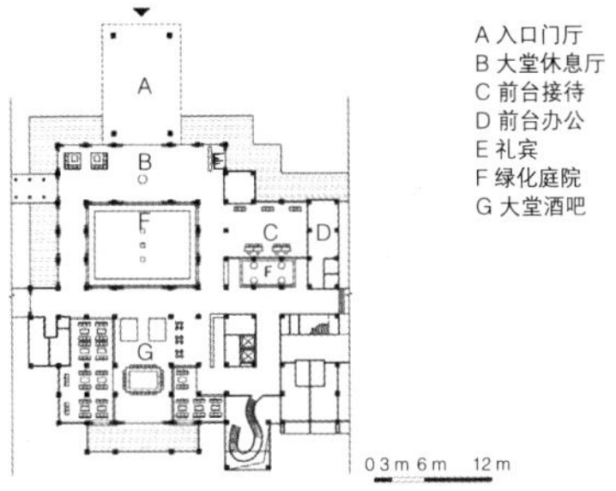

A 入口门厅
B 大堂休息厅
C 前台接待
D 前台办公
E 礼宾
F 绿化庭院
G 大堂酒吧

酒　　店	三亚凯宾斯基度假酒店
建成时间	2007年
组成元素	入口门厅、大堂休息厅、前台接待、前台办公、礼宾、绿化庭院、大堂酒吧

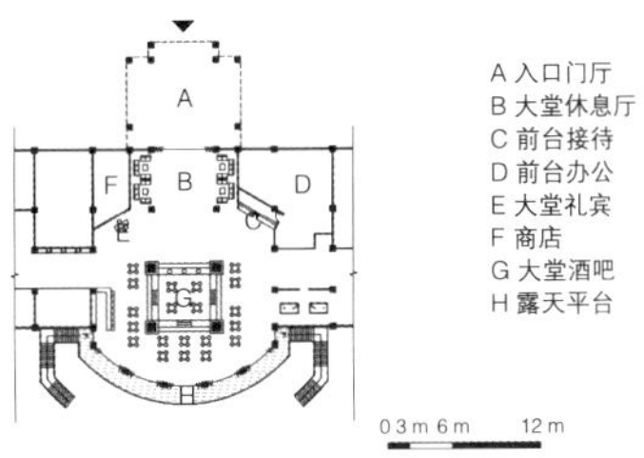

A 入口门厅
B 大堂休息厅
C 前台接待
D 前台办公
E 大堂礼宾
F 商店
G 大堂酒吧
H 露天平台

酒　　店	三亚湾假日酒店
建成时间	2005年
组成元素	入口门厅、大堂休息厅、前台接待、前台办公、大堂礼宾、商店、大堂酒吧、露天平台

A 入口门厅
B 大堂休息厅
C 前台接待
D 前台办公
E 大堂礼宾
F 商店
G 大堂酒吧
H 露天平台

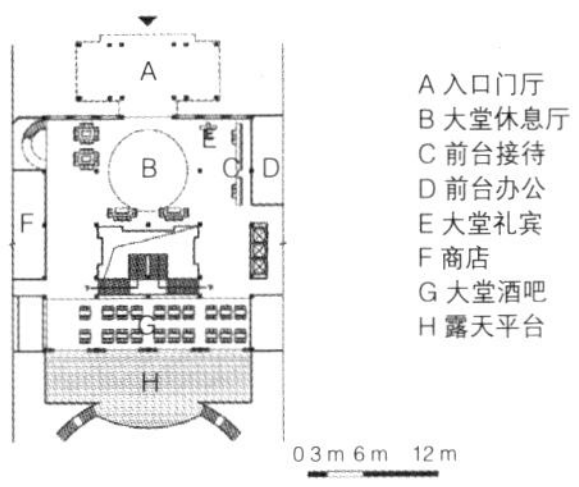

酒　　店	三亚天福源度假酒店
建成时间	2004年
组成元素	入口门厅、大堂休息厅、前台接待、前台办公、大堂礼宾、商店、大堂酒吧、露天平台

A 入口门厅
B 大堂休息厅
C 前台接待
D 前台办公
E 大堂酒吧

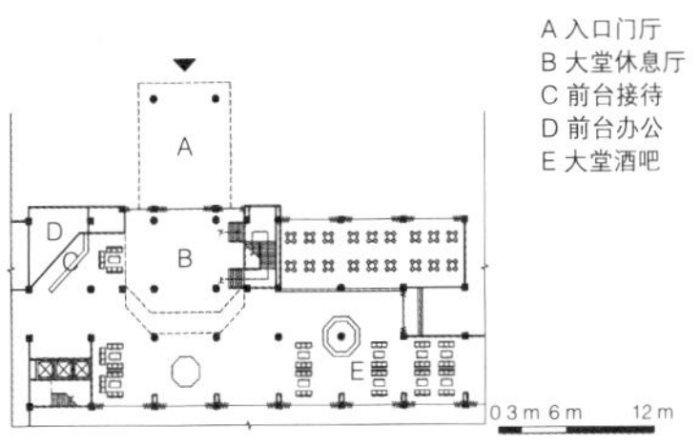

酒　　店	三亚海航度假酒店
建成时间	2000年
组成元素	入口门厅、大堂休息厅、前台接待、前台办公、大堂酒吧

A 入口门厅
B 大堂休息厅
C 前台接待
D 前台办公
E 大堂酒吧
F 大堂水景池
G 商店

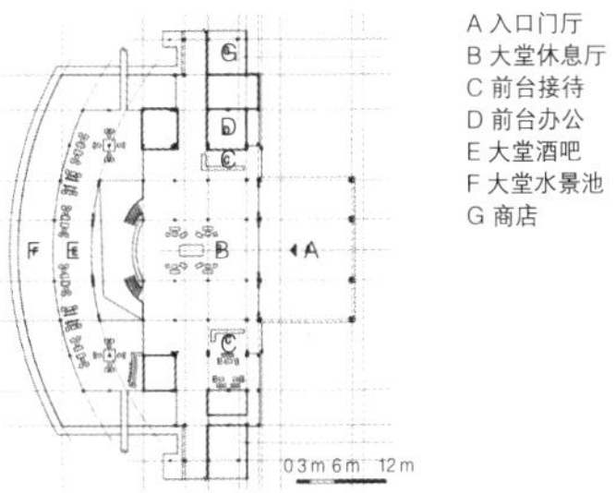

酒　　店	三亚国光豪生度假酒店
建成时间	2008年
组成元素	入口门厅、大堂休息厅、前台接待、前台办公、大堂酒吧、大堂水景池、商店

续表

酒　　店	三亚天通国际大酒店	酒　　店	三亚海韵度假酒店
建成时间	2010年	建成时间	2009年
组成元素	入口门厅、大堂休息厅、大堂礼宾、前台接待、大堂酒吧、商务中心	组成元素	入口门厅、大堂休息厅、前台接待、前台办公、大堂礼宾、入口水池、露天平台

流线通常为"入口门厅—大堂休息厅—前台接待—电梯厅—客房"，由于来三亚度假酒店的客人一般都是外地旅客，大多经过了长途飞行，身心较为疲惫，通常会从门厅进入后在大堂休息厅坐下休息或者到前台登记，因此前台接待应尽量靠近大堂休息厅和门厅，客人从门厅进入酒店后到前台登记的路线应当尽量短。

2. 团体客人流线

在度假酒店中通常会在入口门厅设置专供团体客人出入的门口，由于团体客人人数较多，到达休息厅后容易因嘈杂而降低大堂区声环境的舒适度，因此通常设有团体客人休息厅，和其他客人流线分开。团体客人在大堂区内的流线一般为"入口门厅—团体接待休息厅—电梯厅—客房"。

3. 特殊客人流线

特殊客人是指来度假酒店的有特定身份的客人，包括酒店承接大型会议或宴会时来自外部的客人和拥有重要政治身份的客人。由于在三亚滨海五星级度假酒店中，大部分的会议区都会单独设置主入口，因此通常参加会议的客人会直接到达会议区的入口门厅。而拥有重要政治身份的客人主要是指国家军政要人或有重要社会地位的人，他们通常不会出现在公众场合中，因而在大堂区的流线设计中需要在入口门厅考虑分流，使得客人下车后能够绕开酒店人群密集的公共区域，直接便利地到达总统套房。特殊客人的流线设计一般为"入口门厅—电梯厅—客房"。

4. 参观客人流线

参观客人是三亚滨海五星级度假酒店中比较有特点的群体。这是由于在三亚的旅游度假区中，除了大东海酒店规划比较分散、凌乱外，其他旅游区的酒店都是成片分布，因此住在不同酒店中的客人往往会到别的酒店参观，这部分人流是酒店的潜在消费者，因而度假酒店不应忽视或者阻止这部分人流的出现。其流线设计一般为"入口门厅—大堂休息厅—露台—室外庭院"。要想把这部分潜在客人转变为酒店的实际客源，度假酒店在大堂区的设计中就要设置让参观客人停留欣赏的休息区域，包括大堂休息区、露台、连廊等，并增加大堂区交通空间的面积以满足不同客人的需求。

5. 服务人员流线

服务人员流线是大堂区中区别于客人流线的另一个主要流线。在三亚的度假酒店中，服务人员分为前台接待人员和前台办公人员。前台办公人员的流线大致为"后勤区—后勤走道—前台办公区"，这股人流应当尽量避免出现在大堂区的公共区域，从后勤休息区通过员工通道直接到达前台办公室；前台接待人员则是三亚度假酒店的特色服务人员，由于三亚建筑讲究开敞通风，空间界面模糊化，使得室内外融为一体。酒店管理理念提倡部分大堂区的前台服务人员从柜台走出来，直接在门厅和大堂休息厅接待客人，给客人一种宾至如归的归属感和认知感，因而这部分服务人员的流线应以入住客人流线为主干围绕设计。

三、大堂区的平面组合

1. 平面布局

度假酒店大堂区的主要组成元素包括入口门厅、大堂休息厅、前台接待以及大堂酒廊等，为度假客人提供必要的服务。在笔者调研的三亚滨海五星级度假酒店实例中，基本上都包含了这四大组成元素，有的甚至在大堂休息厅中还增加了娱乐、上网等功能区。

表2为笔者对三亚大部分滨海五星级度假酒店大堂区的实地调研成果，通过对其组成元素的归纳比较，希望为探讨其平面组合类型提供有力的依据。

2. 组合类型

三亚滨海五星级度假酒店大堂区平面组合是根据客人进入酒店的行为习惯和地域特征而逐步形成的，在三亚现有的滨海度假酒店中，大堂区的平面组合方式有以下几种类型：

（1）十字式

在三亚滨海五星级度假酒店中，由于拥有优美的一线海景室外景观元素，海景和沙滩成为大堂区设计的第一主题元素，在空间组织中应当尽最大限度地把海景引入大堂区每个空间节点中，因此入口门厅常会正对大海。从入口门厅到大堂休息厅再到大堂酒吧都向大海开敞，前台接待位于大堂休息厅两侧，从而保证客人从踏入酒店入口门厅起，一直保持连续的视觉景观轴线，空间序列的层次感比较明显。这种平面组合方式称为十字式（表3）。

（2）厅式

厅式布局和十字式布局有相似之处，都保持了"入口门厅—大堂休息厅—大堂酒廊"的空间序列，只是厅式布局以大堂休息厅为核心围绕布置了商铺和电梯厅等功能，使得大堂区的向心性很强。采用厅式布局的大堂区往往休息厅的规模比较大，因而能满足客人在休息厅休息的各种需要。但由于大堂休息厅周围布置了各种功能用房，使得大堂区界面不够开敞，室内外空间不流通（表4）。

（3）展开式

展开式也是三亚滨海五星级度假酒店大堂区常用的平面组合方式。这种组合方式一般为入口门厅正对大海，进入酒店大堂后大堂休息厅、前台接待、大堂酒廊沿着大海景观面展开布置，因此客人在大堂区内各空间节点都能直接享受到一线海景，充分利

用了三亚优美的自然环境元素。由于大堂区的组成元素沿景观面一字展开，大堂区的纵深尺寸不大，更有利于大堂室内的通风采光。展开式的平面组合方式适用于沿海展开面尺寸较长、距离海岸纵深尺寸较短的地块（表5）。

（4）院落式

随着三亚滨海五星级度假酒店大堂区的发展，在一些用地比较宽松的项目中出现了院落式的大堂平面组合方式。这类大堂区打破了早期平面布局紧凑、室内外分区明确的平面设计模式，在大堂区的各功能之间增加了开敞的连廊和庭院空间，让客人一进入大堂就能和三亚的热带自然景观近距离接触，从而加强度假氛围。由于庭院穿插在大堂区中使得大堂区的空间变化更富层次，同时开敞的界面使得室内外空气对流，很好地解决了大堂区平面尺寸较大而给室内通风带来的问题（表6）。

表3 十字式平面组合方式示意图

	优点	空间序列的层次感丰富，客人在大堂区中的视线景观轴连续； 大堂区内各组成元素都能对外开敞，适合三亚热带气候； 流线清晰明了，交通空间和休息空间分区明确
	缺点	平面纵深尺寸较长， 不利于室内通风采光， 需要提升大堂高度改善室内热环境； 交通面积较大
	实例	三亚天域度假酒店一期 三亚喜来登度假酒店 三亚亚龙湾红树林度假酒店 三亚希尔顿度假酒店 三亚国光豪生度假酒店 三亚山海天大酒店 三亚湾假日酒店

图片来源：笔者自绘

表4 厅式平面组合方式示意图

	优点	空间序列的层次感丰富，客人在大堂区中的视线景观轴连续； 大堂休息厅面积普遍比较大，满足客人在大堂区活动的需要； 平面布局比较紧凑，节省公共面积
	缺点	平面纵深尺寸较长，不利于室内通风采光， 需要提升大堂高度改善室内热环境； 大堂区的向心性较强，而且空间界面不够开敞， 使室内外空间无法融为一体
	实例	三亚万豪度假酒店 三亚湘投银泰度假酒店 三亚天福源度假酒店

图片来源：笔者自绘

表5 展开式平面组合方式示意图

	优点	平面纵深尺寸较短，有利于室内通风采光； 大堂区内各组成元素都能对外开敞，适合三亚热带气候； 流线清晰明了，交通空间和休息空间分区明确
	缺点	大堂区的空间序列缺乏层次感； 占用沿海景观面比较大，有可能影响客房的景观面
	实例	三亚爱琴海岸康年套房度假酒店 三亚海航度假酒店 三亚阳光度假酒店 三亚天通国际大酒店

图片来源：笔者自绘

表6 院落式平面组合方式示意图

	优点	空间层次变化丰富; 室内外空间相互融为一体, 客人在行进过程中能获得更多接触阳光和热带园林的户外体验; 庭院空间和大堂空间穿插布置有利于改善大堂室内的通风采光, 调节大堂区的热环境,适用于三亚热带气候; 集中体现了三亚建筑的地域特征
	缺点	大堂区的规模面积比较大,适用于用地条件宽松的项目; 交通面积增大并且客人入住流线加长; 入口门厅一般感受不到海景的存在
	实例	三亚凯宾斯基度假酒店 三亚悦榕庄 三亚文华东方度假酒店 三亚天通国际大酒店

图片来源:笔者自绘

(5)中庭式

中庭是城市旅馆大堂空间设计的常用手法,主要作为共享空间串联酒店的公共活动功能,并且结合门厅营造一种大气、豪华的室内氛围。在三亚滨海五星级度假酒店中,部分案例由于用地高差变化较大,无法在同一水平面组合大堂区的功能分区,常采用跃层或者退台的方式来组合大堂区,利用共享中庭的理念把大堂区各功能串联起来(表7)。

表7 中庭式平面组合方式示意图

跃层	优点	适用于地形高差变化较大,前低后高的用地; 容易创造一种戏剧性的空间效果
	缺点	客人在入口门厅无法感知海景,视线景观轴线不连续; 交通面积较大,客人流线曲折
退台	优点	适用于地形高差变化大,前高后低的用地; 大堂区各功能组成顺着地形跌落布置, 客人在各空间节点均能欣赏到海景; 大堂区室内外空间最大限度地相互流通,客人获得良好的户外体验
	缺点	交通面积较大,客人流线曲折
	实例	三亚天域度假酒店二期 三亚湘投银泰度假酒店 三亚文华东方度假酒店

图片来源:笔者自绘

四、大堂区与其他区域的空间组合

大堂区是三亚滨海度假酒店的交通体系和运营体系的核心,酒店的大部分功能空间都会安排在大堂区附近,依靠大堂来串联组织。大堂区的选址定位对整个酒店的设计布局有着至关重要的作用,同时大堂区和其他区域的空间组合类型也会影响酒店的朝向、高度、建筑等级等技术问题。

1. 大堂区与其他区域的功能关系

一般来说在三亚滨海五星级度假酒店中,与大堂联系比较紧密的功能区包括商业区、餐饮区、康体区、娱乐区、会议区、后勤区和客房区,图5反映了大堂区和各功能分区的关系。

三亚大部分酒店的大堂区和中西餐厅、商业区、康体区和娱乐区紧密联系在一起形成一个公共区域,而会议区通常都是单独设置在一侧,与大堂区围合成一个入口广场,从而实现会议人流和住客人流的合理分流。

2. 大堂区与其他区域的空间组合类型

根据大堂区和客房区的位置关系,笔者把三亚滨海五星级度假酒店的大堂区和酒店其他区域的空间组合归纳为以下三类:

(1)水平联系

亚龙湾大部分大型滨海度假酒店都采用水平联系的空间组合类型,这类酒店常把中西餐厅、商业区、康体区和娱乐区与大堂区共同形成一个标志性的建筑体量,设置在酒店的中部,客房区位于大堂区两侧,利用开敞的廊道作为两者之间的水平连接体,这种空间组合类型打破了城市旅馆大堂和客房要直接连接的传统观念,正好体现了度假酒店和城市酒店的重大区别。水平联系的组合方式把大堂区从客房区中释放出来,最大限度地降低了客房区对大堂造型和大堂高度的限制,设计师可以充分发挥想象,把大堂区设计成为整个酒店的标志性区域。

由于此种方式大堂区占据了大面积的一线海景,对客房的景

1　　　　　　　　　　　　2　　　　　　　　　　　　3

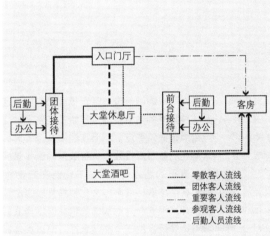 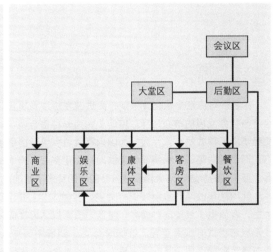

4　　　　　　　　　　　　　　5

1 大东海文华东方度假酒店大堂
2 三亚湾国光豪生度假酒店大堂
3 亚龙湾丽思卡尔顿度假酒店大堂
4 流线分析
5 分区分析

观面有所影响，通常适用于沿海展开面较长的地形。

（2）垂直联系

垂直联系是指大堂区和客房区在空间组合中垂直叠加，采用竖向分区的设计手法，把大堂、餐饮区、商业区、康体区和娱乐区设置在一、二层，客房区设置在上面。大堂区两侧有电梯厅直接通往客房区，客人入住流线简便快捷，客房区和大堂区共享一线海景。采用此种组合方式的大堂区受上层客房的结构影响较大，柱网开间一般有8～10 m。为避免建筑高度超过24 m，酒店一般控制在6层以内。在权衡大堂空间效果和经济效益比的情况下，大堂区的高度一般为3～4层。由于此种方式大堂区和客房区共享一线海景，因此能够缩短沿海展开面长度，另外由于建筑体量一般有6层高，不宜太靠近海边，所以适用于沿海面不宽而纵深长的地形。

（3）独立分区

在三亚滨海五星级度假酒店中还有一种布局较为松散的度假村建筑形式，通常大堂和客房区采用独立分区的空间组合方式。大堂区和餐饮区、商业区、康体区、娱乐区共同形成酒店的公共区域而单独存在，客房区散落在大堂区的四周，大堂区和客房区之间通过酒店提供的电瓶车联系。这类型的大堂区完全不受客房区的建筑限制，只需要建筑造型和风格保持一致。此种方式对酒店的运营成本要求较高，而且对用地范围要求较大，一般适用于房间数目不是很多的度假村形式酒店。

五、结语

三亚滨海度假酒店的布局形式对大堂区的影响较大，在方案设计前期应该根据不同地形条件选择合适的空间组合模式和平面组合方式。设计师在设计大堂区的时候需要做多方案比较，找出适合地形地貌的空间、平面组合方式。与此同时，因地制宜地选用材料和空间组合方式，是本土文化在建筑创作中的重要理念，也是本土文化得以传承和发扬的物质条件。

参考文献

[1] 唐玉恩，张皆正. 旅馆建筑设计. 北京：中国建筑工业出版社，1993.

PHENOMENOLOGICAL REFLECTION ON THE DESIGN OF RESORT HOTEL: BANYAN TREE RESORT HOTEL AS EXAMPLE

度假型酒店设计的现象学思考——以悦榕庄度假型酒店为例

卢峰 戴琼 I Lu Feng Dai Qiong

在经济与信息全球化背景下，促进城乡协调发展正成为中国经济与社会发展的核心目标。旅游业作为一种整合城乡资源、转变经济发展模式的有效手段，为国内探索城乡统筹提供了新的思路，而辽阔的疆域、独特而丰富的地域文化资源，为中国成为世界上最重要的旅游经济大国和旅游目的地国奠定了基础。

自1978年改革开放到1995年之前，我国旅游主要以观光旅游为主，客源也主要是国内游客，与西方国家以休闲度假为目的的成熟旅游模式有很大差异。2000年以后，随着中国加入WTO、举办奥运会和世博会等一系列重大事件的发生，中国经济更加融入世界经济体系，跨洲商务旅行与游客来源急剧增加，国内旅游市场也因此产生了结构性变化。以高端休闲服务和连锁经营为主要特征的度假型酒店，成为其中发展最快、类型最丰富的一个板块。这类度假型酒店多定位于中高端市场品牌经营模式，往往占有规模、资金和国际市场营销的优势，并以统一的标识、品牌和形象，以及高复合的功能设置和精心的建筑设计，为游客提供独特的旅游休闲体验。高端度假型酒店所具有的将地方自然与文化资源转化为经济发展动力、提升地方国际性影响、促进当地基础设施建设等作用，使其成为目前国内各旅游城市争相发展的重点。如悦榕庄酒店，自2005年仁安悦榕庄开业至今，屡登中国最美酒店的排行。除却其优质的服务，对地方文化和环境的尊重、为来客营造出一种"到达感"，已成为悦榕庄系列酒店最为人称道的名片（图1）。有别于希尔顿、朱美拉等超豪华度假酒店所宣扬的国际化的"高端"，悦榕庄酒店所选择的地域式"奢华"在当下时空背景中更显现出独特魅力。

一、度假型酒店设计的现象学思考

信息技术的普及和远程交通的快速发展使世界愈加扁平化，

一方面带来国际标准化经营模式酒店的快速发展，使自然景观成为一种独有的消费资源，开始在经济全球化的急速流动中成为与地点绑定的消费点。然而在经济快速发展的需求推动下，盲目追求商业利益与规模效应，导致国内许多景区开发呈现过度的商业化，真正的地方文化传统与特色在商业的冲击下日益薄弱。因此，在生态敏感度高与文化独特性较强的地域环境内，由粗放的规模开发模式向高附加值的精品开发模式转变，成为我国旅游资源可持续开发的一个必然选择。而以关注日常体验、创造地域性场所精神、营造丰富感知为主要目标的度假型酒店，成为极致表达当地文化特色、营造超常生活模式的资源消费平台。

另一方面，过分强调形式和功能主义的现代建筑发展所带来的环境危机，引发了人们对居住场所与环境的重新思考及对建筑学自身发展的深刻反思，从而使以现象学为基础的建筑空间体验成为当前建筑设计的一个主要方向。20世纪60年代以前，理性化是社会的发展特点，认为实用性和效率优先于情感和象征特征的价值观，使功能化成为建筑和城市设计的首要准则。这种对于自然和城市发展进程控制的高度理性与技术至上思想，反而导致了人与人、人与自然之间的疏离。此外，现代资本运作将城市空间本身当作可以出售和交换的商品，并通过广告、媒体的包装将其市场化，也从根本上异化了几千年来城市与建筑的生成机制。当代建筑的形式化取向和城市空间的商品化，加剧了城市公共空间的抽象化和私有化趋势，随着当代人对身体感觉与自主性的重视，这种理性城市空间与人们日常生活之间的矛盾更加凸显。与此同时，生活方式的改变、高度的不确定性，使诗意的栖居成为人们可望而不可即的居住理想。从某种意义上来看，纯粹满足个人需要的独立式居住建筑最接近建筑本质，尤其在远离城市和人群的自然环境中，小住宅设计没有技术和材料使用上的困难和

1 仁安悦榕庄
2 丽江悦榕庄总平面图
3 远眺海景的三亚悦榕庄大堂
4 西溪悦榕庄的江南风情

限制，也没有社会规则的束缚，没有任何商业性的目的，只剩下居住需要，这种理想状态为基于日常生活模式的当代度假型酒店建筑提供了一种最接近居住本质的可能形式。至此，有别于被动式的"诗意的栖居"，度假型酒店需要选择主动式的"诗意的建造"，以创造出一个介于戏与真之间的"大地境遇"。

二、现象学视角下的度假型酒店设计策略

1. 以整体地域表达为核心的场所营造原则

在挪威建筑师和历史学家诺伯格-舒尔茨的理论体系中，"场所精神"是其将现象学理论引入建筑学的重要观点，对当代建筑和城市设计领域的理论和实践产生了深远影响。诺氏认为，场所是具有清晰特性的空间，是由具体现象组成的生活世界；场所是空间这个"形式"背后的"内容"。无论是城市形式还是建筑形式，其背后均蕴含着某种深刻的含义，这含义与城市的历史、传统、文化、民族等一系列主题密切相关，这些主题赋予了物质空间以丰富的意义，使之成为使用者喜爱的"场所"。

面对同质竞争向特色体验转变的当代消费趋势，悦榕庄酒店采用了与其他高端酒店品牌不同的经营策略，就是力图营造具有独特地域风情和文化体验的度假气氛。为此，在具体的选址和环境、空间形态组织上，悦榕庄酒店不但在建筑形式、空间格局、建筑材料上重现当地的传统民居建筑，同时在酒店内植入传统的活动和文化故事。如在仁安悦榕庄，无畏的探险者可以在"西部荒野"备马，沉浸于大自然中尽享美食；渴望体验传统藏族婚宴的情侣可以尝试藏式传统婚礼盛宴。在西溪悦榕庄，梅竹山庄、秋雪庵、烟水渔庄、西溪人家等，尽显淳厚质朴的西溪民风、源远流长的江南文化。"简而言之，场所是由自然环境和人造环境相结合的有意义的整体"，这个整体反映了在某一特定地段人们的生活方式及其自身的环境特征。建筑师的任务就是创造有意味的场所，帮助人们融入当时当地的生活情景之中。悦榕庄酒店的设计重心，就在于通过一种饱含地域和历史信息的"公众意向"来强化在其空间中的人的"存在感"。同时，作为高端度假型酒店项目，悦榕庄酒店为强化当地旅游资源的多样性提供了新思路，如丽江悦榕庄酒店聘请的两百余名全职员工中，67%为当地居民，28%为当地少数民族。这种员工构成模式一方面通过当地居民这一地域生活与文化载体，真实地还原了以当地生活场景为核心的场所精神；另一方面也为推动当地产业发展起到了示范性作用，形成良好的产业循环与社会基础。

2. 以多维时空体验为目标的空间布局模式

在当今城乡建设快速发展的背景下，"技术和生产方式的全球化带来了人与传统地域空间的分离，地域文化的多样性和特色

逐渐衰微、消亡；城市和建筑物的标准化和商品化致使建筑特色逐渐隐退。建筑文化和城市文化出现趋同现象和特色危机"。当前国内许多旅游景区发展往往存在两个瓶颈，一是在经济效益的驱动下进行过度与无序开发，由此造成旅游资源的巨大破坏和旅游市场的急剧衰退；二是偏爱追求以大型度假型酒店为主体的规模开发模式。从近几年的发展情况来看，大型度假型酒店由于客房单元较多、体量较大，不仅空间布局、建筑形态鲜有特色，对自然环境与景观的负面影响比较突出，而且难以适应不断变化的市场需求，经济效益与环境效益均不理想。

为了突出整个度假生活的情趣与参与感，悦榕庄度假型酒店的空间设计更像是设置一个场景，把蒙太奇式的节点空间设计还原到路径设置、情景交互、时间转换等时空体验要素中，通过限定行为发生的背景和环境来强化游览体验。为此，丽江悦榕庄度假型酒店设计常在空间布局上还原如村落般的生活空间序列，营造由不同主题构成的流动空间感受（图2）。其对于空间布局的用心不仅体现在公共开放空间的设计上，更体现在踏入悦榕庄的每一步上。三亚悦榕庄的大堂并无五星级酒店的奢华大气，只是一座不大的凉亭，进入酒店的第一步即可从这里远眺大海（图3）。杭州西溪悦榕庄以一潭碧水迎客，前区空间轴线中正、开放大气，客房部分水、桥、房相互融合，变化多样，尺度亲切宜人。整个酒店将江南传统建筑特色，即"水、桥、房"的空间格局、"黑、白、灰"的民居色彩、"轻、秀、雅"的建筑风格、"情、趣、神"的园林意境表现得淋漓尽致（图4）。这种专注于

人的多样视觉感受和不同空间体验的空间布局模式，与当今众多高端度假酒店的奢华建筑空间形成鲜明对比，造就了悦榕庄度假型酒店"一店一品"的品牌特色。

3. 以多种知觉感受为主导的细节刻画手段

梅洛·庞蒂所创立的知觉现象学理论，使孕育于日常生活的多种人体知觉与感知，在当代重新获得了关注与研究，并在现象学研究领域推进了存在—意识—知觉的研究拓展。帕拉斯玛通过列举人对建筑的七种知觉，完整地阐述了作为现象学的知觉在建筑学中的作用。他认为不同的建筑可以有不同的感觉特征，除了通常流行的"视觉建筑学"，还应重新认识触觉、听觉、嗅觉和味觉的建筑学。因此，置于风景之地的度假型酒店，在悉心融入当地美景成为景观的一部分之后，更重要的是通过基于真实感觉的设计营造，使整个酒店建筑与空间不仅仅是统一在视觉美学下的物质构成，更是承托日常生活体验的本身。

悦榕庄里有永不静止的水流、本地的花草植被和由当地各种材质构成的丰富的建筑立面肌理。在悦榕庄所营造的环境中，游客的皮肤能清晰地感受不同空间下的温度变化，如树下凉爽的荫蔽和阳光照射下的温暖光斑。对与人体接触的各种家具形式与材质的选择，也充分考虑了特定地域气候条件下人们的使用感受。如三亚悦榕庄大堂区露天的坐垫和靠垫，考虑到三亚地区多雨的气候特征，均采用了天然的麻质织物，被雨水打湿后可以迅速干燥，而用作平台排水的材料则为当地常见的鹅卵石。在悦榕庄的泳池里，随时会有飘落的花瓣打在脸上，岸边的树枝自然地伸入

5 三亚悦榕庄室外环境
6 由当地藏式农舍拆迁改建的仁安悦榕庄
7 仁安悦榕庄的藏式文化

水中（图5），构成了一幅融入自然的恬静画卷。丽江悦榕庄取自当地砖窑的红瓦屋顶，真实重现了纳西现代弯屋顶，墙体所用的五彩石及纳西灰砖，依靠手工精心制作的表面纹理和细部，唤起了人们的触觉，营造了温暖亲切的氛围。

4. 以可持续性为原则的生态建构手段

现象学最重要的手法之一就是还原，即通过一层层的剥离悬置，令事物的本质显现出来。在建筑学中，这种"还原"手法多被极简主义所强调，这种极简并不是某种形式上的去除装饰，而是关心人的存在和本质，摒弃一切商业化和形而上学的对建筑的认识。在平面上拒绝任何流行，回归原始和简单；在建筑的材料选择和组成方式上，运用最常见最易行的材料创造出具有地域识别性和历史特征的、恰如其分的建筑；在对环境的处理上，尽可能减少对场地本身的改变。与自然景区绑定的度假型酒店应该在设计中贯彻这种还原的手法，担负起一种道德上的责任，对人类大规模的破坏和随处可见的对自然资源的掠夺做出回应。

面对近半个世纪以来，人类大规模开发和资源掠夺对自然环境造成的严重破坏，悦榕庄酒店在设计、建造与经营过程中，始终坚持环保和可持续的理念，在设计上以尊重场地和自然为前提，通过建设与自然环境肌理和特征产生共鸣的人造环境，使本的自然环境更明确有力地体现出来，成为与酒店建筑群共生的一个整体。如仁安悦榕庄，就是将购自当地居民的藏式农舍经过巧妙的拆迁改建，于仁安河谷新址处以原木打桩而成，建成的房屋无须使用新木材。这种几乎为零的还原性设计去除建筑之外的一切附着，使建筑的本质自然地显现，反而最大程度地保留了当地风貌（图6，图7），该酒店也因此荣获多项设计类大奖，包括2006年金钥匙奖和2006年亚洲设计大奖。另一个具有代表性的实例是马尔代夫瓦宾法鲁悦榕庄。马尔代夫全境由26组自然环礁、近1 200个美丽的珊瑚岛组成，近年来由于旅游业和渔业开发过度，一些珊瑚礁出现萎缩退化现象。1995年在马尔代夫瓦宾法鲁设立悦榕庄时，设计就意图保护好场地周围的珊瑚礁，向旅客呈现一个原生态的"奇迹"。在2004年印尼海啸爆发时，正是这些珊瑚礁挡住了大浪，才使酒店主体建筑几乎没有受到实质的伤害。

三、结语

在当下的时空背景下，度假型酒店不但是地方文化的开发者，也是地方文化的保护者；在综合利用地方资源的同时，也肩负着引导地方产业良性发展、保护地方环境的责任；不仅要给予游客异时异地的体验，同时要回归理想栖居的本质。"诗意的建造"意味着在度假型酒店设计中，通过强调对场所和本体性的关注，为整合地方资源、融合外来文化，进行以人为本、可持续性设计提供一种新的探索方向。

参考文献

[1] 刘先觉. 现代建筑理论. 北京：中国建筑工业出版社，1999.
[2] 沈克宁. 建筑现象学. 2版. 北京：中国建筑工业出版社，2008.
[3] 梅洛·庞蒂. 知觉现象学. 姜志辉，译. 上海：商务印书馆，2001.
[4] 麦克哈格. 设计结合自然. 黄经纬，译. 天津：天津大学出版社，2006.
[5] 周剑云. 现象学与现代建筑. 新建筑，2009（6）：20-25.
[6] 卢峰，叶均绮，戴欣. 当代国内旅游建筑创作的地域性表达. 室内设计，2010（1）：14-17.
[7] 洪亮平. 城市设计的历程. 北京：中国建筑工业出版社，2002.

EXPERIENTIAL SPACE AND DESIGN PRACTICE OF LUXURY HOTEL
高档酒店的体验空间与设计实例

艾侠 I Ai Xia

一、空间体验与消费记忆

建筑师和建筑学者们对"空间体验"这个词并不陌生。在酒店领域，近期一个有趣而非典型的实例出现在马尔代夫的Rangali岛，希尔顿度假酒店集团旗下的Conrad酒店建造了一个名叫Ithaa的水下餐厅（图1），来自新西兰的设计者用抗水压、透明的丙烯酸酯材料为餐厅制作了四壁和屋顶。这是一个真正能让人享受美食和愉快气氛的场所——客人沿着旋转扶梯可以走到约9 m深的海面之下，餐厅用玻璃围绕，环绕的灯光辐射180°的水域，蝴蝶鱼、黄貂鱼、蓝脸的天使鱼仿佛就在客人身边来游去。

稍微研究一下这种现象，我们不难从美国经济学家约瑟夫·派恩1999年出版的《体验经济》一书中发现端倪：体验是一种创造难忘经历的活动，它反映了人类的消费心理正在进入一种新的高级形态。随着21世纪西方社会的经济结构逐渐由生产转向消费，人们对情感体验与自我认同的文化行为有了更多期待。于是，经济理论强调的商业交易中消费过程重要性的上升，使消费行为的结果退居次席。就像在Ithaa，吃什么菜已经不重要。把这种过程的重要性延伸出来，便是对消费本质的重新定义，顾客自觉地延长停滞时间，体验空间环境，进而对其产生记忆，最终形成一种基于体验的商业形态。

用"追求体验"来概括当代消费活动的发展特征是非常精准的。人们在商场购物，付出金钱，可以带上成堆的战利品回家；而人们入住豪华酒店，同样付出金钱，却几乎不能带着实物离开，收获的是服务，留存的只是栖居的体验。酒店的开发者和建筑师都意识到：空间设计正在成为消费价值的催化剂，它所产生的愉悦和记忆，成为人们与场所最重要的联系。

二、酒店空间体验的设计发展变迁

回顾国外高档酒店空间体验的设计发展，大致经历了以下过程。

早期的酒店建筑设计脱胎于中世纪与文艺复兴时期古典主义的府邸空间，空间体验大多局限在室内装饰的错觉印象。从类型上说，它是"从属于"其他公共建筑的，这就可以解释为何在现代建筑之前的建筑史中关于酒店设计的描述非常少。

20世纪现代主义时期的酒店则开始把功能流行与前后台关系作为设计的重点，一种极端的理性主义在这里发挥着巨大的作用——从这个意义上说，酒店和医院很相似，只是前者更关注商业利益。这个时期的酒店空间是朴素并居于次位的。

大约在20世纪70年代，天才建筑师波特曼（John Portman）

创造出轰动一时的"中庭空间"（atrium space），通过内部空间与外部空间的倒置，获得了不同凡响的空间体验。在此基础上，波特曼进一步把电梯从建筑的角落里移出来，作为立面设计和客户体验的重要元素。1985年，由波特曼设计的亚特兰大万豪酒店（Atlanta Marriott Marquis）对外营业，高达46层的中庭成为当时世界上最叹为观止的酒店奇观（图2）。"中庭+景观电梯"的设计手法迅速传播到世界各个角落，成为那个时期高档酒店设计的标准印记。

此后的一段时间，伴随着世界上几大国际酒店集团市场格局和品牌格局的形成，酒店空间的设计似乎与星级酒店品牌一样被固化为若干种模式。每个项目的开发商与酒店品牌一旦达成意向，酒店管理公司一般会出具一本厚厚的实施建议书作为品牌进驻的条件。如果仔细研究实施建议书，会发现酒店管理集团除了对服务和设施进行规定之外，对空间的限定已经做到非常细致的程度，包括客房的数量和面积、中庭的大小、不同功能区的面积配比和邻接序列、公共空间的尺度、垂直交通的位置、停车空间等。为这些空间需求套上盈利的目标，就可以解释为何许多品牌酒店的建筑设计曾经出现趋同的倾向——方盒子和扇形布局占据

了都市商业酒店的主导形式，而折线形的布局则成为度假酒店的首选。

随后的一些设计突破则要归功于赌场酒店（casino hotel）的发展，建筑师发现通过对感官技巧的控制可以让效果更理想，其创新的空间手法主要来自"足尺移植"和"机动舞台"。例如澳门和拉斯韦加斯的威尼斯人酒店，足尺移植了水城威尼斯的空间特质（图3~图5）和场所氛围，当然，在华丽的背后只是消费的沉迷；另一个案例来自加拿大建筑大师莫什·萨夫迪（Moshe Safdie）设计的新加坡滨海湾金沙酒店（图6，图7），豪华游轮的空间被移植到酒店高层建筑的顶层，泳池的水波似乎荡漾到了天边。此外，豪华的赌场酒店也会设置免费的机动舞台来招揽客户（例如澳门永利酒店的中国龙和富贵树布景），这些空间体验对许多酒店的室内设计也产生了深远的影响。

在赌场酒店之外的更大的城市范畴内，作为对"标准化"的批判和反思，大约在21世纪初，都市设计酒店（urban design hotel）的概念被广泛传播。这类酒店不再局限于对类型、规模、气势与豪华度的追求，而是重新强调到访者与场所在情感上的相互关联，建筑尺度一般都不大，试图通过设计上的特质为消费者

7

8

9

传达种种新奇的空间记忆。于是出现了大量小众化的设计酒店品牌，而这些非主流的酒店设计也直接影响了国际主流星级酒店的设计。如果把"酒店实施建议书"看作是一个主流品牌的"规定动作"，那么近年来酒店设计创新的核心则在于对"自选动作"的思考。

三、关注空间体验的三个项目设计实例

近几年，CCDI与多家境外设计公司合作，参与了数个国际高档酒店品牌的设计。在设计过程中，面对酒店管理集团提出的"规定动作"，一般不会出现大的问题，而真正需要投入大量精力考量的，却是在"规定"和"标准"之外的内容，即体验空间的设计，我们将其称为设计的"自选动作"。在很大程度上，它们直接决定了建筑空间的第一体验，对获得开发商和酒店集团对方案品质的认可起到了重要的牵引作用。目前国内很多研究文献把这类设计归结于主题和特色的增值营造，但实践中并非单纯如此，我们更多的体会是针对某种限制条件的解决方案，或者说，出于将某种"负面"（negative）条件变得"正面"（positive）营造的需求，以下三个实例都说明了这样的问题。

2010年设计的三亚海棠湾洲际酒店（Archilier+CCDI联合设计）项目中，酒店的规模和地形条件决定着客户可能从地面和地下同时到访，但连接一层大堂与地下的过渡空间在很多酒店中并不理想。这里，建筑师用一个巨大的水族池为双层到访的客人提供了特别的空间体验，将热带气候环境与旅行的视觉感受共同组合成一个富有创意的场所：一条透明的玻璃走廊越过水池上方，连接着大厅空间与酒店庭院，而酒店大堂的精致酒吧正位于水池上方；此外，水族池下方设有专门的通道连接地下大堂、车库和下沉院落，呼应着水池上方的奢华主题。

2006年设计、2010年建成的深圳华润君悦酒店（CCDI+RTKL联合设计）位于深圳最重要的都市综合体华润万象城之中（图8）。高密度的开发和用地条件的限制，加上都市商业的需求，酒店底部几层空间都将作为会展和商业设施对外营业。为了使客人获得尊贵的到访体验，建筑师与华润集团和君悦酒店形成共识，改变了传统的低层大堂入住流线，改用独特的"空中大堂"模式（图9）。主入口处4部高速电梯直达31层的空中大堂成为宾客入住的最初体验，办理好入住手续后转乘其他两组电梯到达各楼层。在办理入住手续到进入各自房间的过程中，宾客们对酒店的整体形象以及深圳繁华的都市景致有了更多感知，也在无形中加深了对深圳这座年轻而富有朝气的大都市的认同。

2011年的丽江金茂君悦酒店（CCDI+Denniston联合设计）项目看似普通的聚落式度假酒店，实则在设计上有微妙的变化

7 新加坡滨海湾金沙酒店顶层泳池
8 深圳华润君悦酒店（CCDI+RTKL联合设计）
9 深圳华润君悦酒店空中大堂

10

10 丽江金茂君悦酒店(CCDI+
Denniston联合设计)

（图10）。酒店入口与公共区域采用坐南朝北的中式传统布局，酒店客房却被设置于地块远端，通过一条极长的连廊与核心区联系，看似无谓增加了流线，带来种种不便，而且客房的朝向也没有一座是正南，在日照条件上不是最理想，但从空间体验的角度分析，设计实际上是要解决酒店地块不大、缺乏宽裕的舒展余地且只有东北向能够看到雪山的问题。于是，在"长途跋涉（背景是雪山）→进入酒店（看不到）→进入客房（打开窗正对着雪山）"的体验中，这组先抑后扬的设置，消除了外部条件的不利因素，放大了有利因素，增添了人们对酒店的空间记忆。

四、结语

　　回到文章最初提到的马尔代夫的水下餐厅，人们在称赞这个奇妙构思的同时，又可曾想到是因地面无法提供足够的面积而迫不得已转入水下空间开发的？我们的体悟是，基于解决方案的设计创新需要在四者（开发商、使用者、酒店品牌、设计师）之中做出平衡，而平衡的结果往往可以体现在某种"非常规"的设计方案变化之中。

　　总的来说，近年来高档酒店建筑设计的趋势不再是堆砌豪华的符号，而是回归简约、精致的设计氛围营造，更加关注到访者和使用者的心理感受。体验空间的营造便是回应这个趋势的一种

上策——用空间的创意来加强人们的消费记忆，品牌酒店与设计酒店在这个层面上产生了交集。设计酒店也不再是小众的品位，而正逐渐步入大型管理集团的视野。例如喜达屋旗下推出的W饭店，本质上正是一种追求情趣的设计酒店，与Westin和Sheraton有很大不同，在全球已经开设了数十家，酒店设施并不见得多么奢华，却获得了广泛追捧。所以，非主流的设计酒店的创新，也成为目前大型酒店集团和建筑师必须关注的课题。

参考文献

[1] 季松. 消费时代城市空间的体验式消费. 建筑与文化, 2009（5）：68-70.

[2] 王晖. 主题酒店体验环境设计的模式与策略. 饭店现代化, 2006（8）：51-53.

[3] 艾侠, 李品一. 城中华冠——深圳君悦酒店. 城市建筑, 2011（4）：67-71.

[4] 蒋正杨. 中国设计酒店的特点与趋势. 家具与室内装饰, 2010（7）：14-15.

ANALYSIS ON INTERACTION BETWEEN GUESTROOM UNIT SPACE BUILDING AND ARCHITECTURAL FORM IN STAR HOTELS

浅析星级酒店中客房单元空间建构与建筑形式构成的互动关系

张险峰　赵鑫 | Zhang Xianfeng　Zhao Xin

随着经济的快速增长，我国旅游业得到了持续发展，也引发了星级酒店建设从趋于饱和的一线城市转向二、三线城市；因客源结构与顾客需求也发生了微妙的调整，标准化和批量化"生产"的客房越来越不能满足人们对住宿体验的需求，同时酒店建筑本身的标志性也越来越被顾客所重视。酒店虽能够以艺术形象的独创性吸引顾客的目光，但仍需要合理的内部功能作为支撑。

建筑或建筑群体中功能相同或相似且相对独立、形式从某种程度上反映建筑的功能要求的空间通常被称为建筑的单元空间。建筑的单元性不仅影响单元空间自身的建构，而且通过与外部空间之间交流的单元组合影响建筑的外部空间，尤其是建筑立面。通常情况下，建筑单元空间的定义和单元空间的组合具有某种稳定的规律和形态，然而当建筑受到内部功能的特殊要求或外部环境影响时，这种稳定就会被打破，形成异质性，成为建筑形式的活跃因素。

一、客房单元空间定义对酒店建筑形式构成的影响

建筑中的单元空间既可以是具有相同功能、体积或结构的一个独立体，也可以是独立的多个空间形体与构件的组合体。也就是说，独立的单元空间并不一定是功能单一的空间，还可以根据具体的使用划分出更加具体、细致的单元空间。而在对同一单元空间划分时，往往存在着不同的定义方式，这也为单元空间的异质性提供了可能。通过统计，我们发现人们在客房中的活动主要集中在以床为中心的休息区和卫生间两处，因此我们将客房单元空间细分为休息空间和卫浴空间，然后根据其不同组合，分析客房单元空间的定义给酒店内部空间体验和外部建筑形式构成带来的变化（图1）。

1. 前置的休息空间 + 后置的卫浴空间

休息区设置在临窗一侧，卫生间位于走廊一侧，这是酒店设计中最常见的客房形式。这种形式充分利用了客房的纵向进深，缩短了客房所占的外墙平均长度，亦缩短了走廊长度，提高了平面效率。卫生间位于客房与走廊之间，利于降低走廊噪声对客房的影响，且检修门开向走廊，可尽量减少检修时对客房的干扰。

休息空间紧邻外墙，使客人在日常休息、娱乐时拥有良好的采光和景观朝向，并且由于没有过多管网设备和结构的限制，其空间也较为完整，这为室内空间设计提供了更大的灵活性。

这种形式的客房单元空间通常面宽较窄、进深较大，呈窄长方体。内墙由于受到卫浴空间的限制，形式变化较为单一；外墙一侧由于功能和结构限制较少，形式变化则较为丰富。具体在建筑设计中，主要通过以下手法实现：

其一，利用建筑结构出挑形成多种进深的客房，从而根据顾客的不同需求设计不同房型。朗恩罗斯（loisium）酒店建造在一片风景秀丽的葡萄酒庄园内，拥有良好的景观视野。客房主要分布在酒店二、三层，由U形内廊串联（图2）。北侧客房中卫浴空间设置于内墙侧，外墙出挑并向不同方向发散，既满足了住宿客人不同的景观视野要求，也形成了丰富的立面效果（图3）。各个客房单元功能设置相似，但由于房间进深各不相同，因此每间客房都提供了独一无二的空间体验。

其二，客房室内空间相同，利用阳台的出挑构成丰富的半室外空间。位于博德鲁姆爱琴海沿岸的Yalikavak酒店是一座海滨精品酒店。客房中不同层高上交错布置的遮蔽、半遮蔽和露天开放区域，营造出呼应场所地形、主导风向和景观的连续空间。每间客房在外观上都有一个凸起的木头盒子作为标志，不仅让客人享有不受干扰的景观视野和良好的遮阳效果，更使他们把客房看成自己独一无二的住所（图4）。

2. 前置的卫浴空间 + 后置的休息空间

卫生间位于外墙侧，通风良好，但客房进深较小、开间较大，增加了客房外墙长度。目前的豪华度假酒店多采用这种形式的客房，更多地满足了客人在洗浴的同时欣赏户外美景的要求。这种形式的客房单元空间通常面宽较长、进深较小，单元体较为扁平。基于私密性要求，卫浴空间外墙开窗相对较小，因此在一定程度上调节了单元空间外墙的窗墙面积比，丰富了建筑立面形式（图5）。

3. 左右布置的休息空间与卫浴空间

卫生间置于两间客房之间，其外墙效率介于上述两类房型之

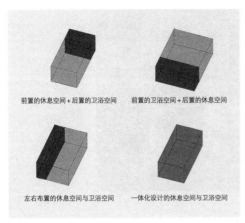

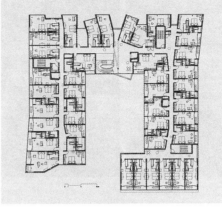

1　　　　　　　　　　　　　　　　2　　　　　　　　　　　　　3

5　　　　　　　　　　　　　　　6　　　　　　　　　7

1　单元空间定义（图片来源：作者自绘）

2　朗恩罗斯（loisium）酒店二层平面（图片来源：互联网）

3　朗恩罗斯（loisium）酒店北侧立面（图片来源：互联网）

4　博德鲁姆Yalikavak酒店（图片来源：互联网）

5　苏黎世Zürichberg酒店（图片来源：互联网）

6　西班牙OMM酒店室内(图片来源：2007年第6期《室内设计与装修》)

7　西班牙OMM酒店外部（图片来源：2007年第6期《室内设计与装修》）

间。根据卫生间位置的不同，客房的空间布置大致分为两种：相邻两间客房的卫生间前后组合，客房开间会相对较小；客房的卫生间与休息空间进深相同，这类客房一般进深不大，休息空间和卫浴空间都能拥有良好的采光和景观朝向。

这种类型的客房与卫浴空间前置、休息空间后置的客房较为相似。由于休息空间和卫浴空间都需要采光，这就给外立面开窗设置提供了更多的可能。西班牙OMM酒店客房中卧室与卫生间平行排列，没有任何一个空间是四面墙围绕的，卫浴空间、休息间都有一面开放，在卫浴空间内也可以看到弧形的阳台护墙（图6）。这些向外翻卷的开口既满足了每个房间观景的需要，又能遮蔽正午阳光的直射，同时有助于维护室内空间的私密性，隔绝室

外的交通噪声，并有效遮挡街道上来往车辆刺眼的灯光。房间窗口开口的组合看似随机无序，实则是与其内各种不同规格的客房相呼应。建筑的外观烘托出自由、新颖的意境，塑造了不规则的建筑美感（图7）。

4. 一体化设计的休息空间与卫浴空间

卫生间与其他空间灵活分隔、可分可合，一般常用在豪华星级酒店客房或温泉度假酒店中。休息空间与卫浴空间连通，是对以往的封闭空间模式的突破。罗马ES酒店的客房内，一张卷曲的地板将休息空间与洗浴空间融为一体，生成一片具有双重功能的混合区域，创造出了形式和空间的连续通透与流动（图8）。在这里，游客感受到一种跳脱传统感官体验的叙述方式，同时人们对

8

9

空间的阅读也充满了不确定性。客房单元空间的建构形式清晰地从建筑立面大面积的玻璃窗透射出，而夜晚每间客房各异的灯光呈现出的五彩斑斓的效果构成城市一道美丽的风景（图9）。

实际上，根据客房功能或结构定义客房单元空间的方式多种多样，本文所做论述极其有限，目的在于明确一种设计思路，即从客房单元空间定义切入酒店的形式构成。同时，客房单元空间定义是客房单元空间组合的基础，为本文下述研究提供理论和实践支持。

二、客房单元空间组合模式对酒店建筑形式构成的影响

从单元空间到建筑整体的实现是多个维度重复累加的过程，酒店设计逐渐强调顾客的个性化体验，势必对不同客房单元空间的组合和建筑形式提出了要求。

1. 一维组合上的异质性表达

一维组合上的异质性是指将单元空间在一个维度上复制，并且在另一个维度上形成异质性的变化（图10）。

7800切什梅公寓与酒店项目中，建筑主体被安排在靠近小巷的一侧，客房面向沙滩和自然景观。酒店共5层，每层的客房单元空间呈线性布局，中间由一条内部街道联系着纵横两个方向的人流。酒店垂直方向上采取了退台式布局，导致客房在垂直方向发生异质性变化——客房进深逐渐缩小，同时形成南、北向若干个平台（屋顶花园）（图11）。建筑和沙滩之间的空间被设计成室

外景观的延伸带，使建筑与环境之间形成自然过渡（图12）。

2. 二维组合上的异质性表达

二维组合上的异质性是将单元空间在两个或者多个方向进行组合（图13）。二维组合的异质性是两个一维组合的异质性的叠加，其单元空间组合变化也比前者更为多样。

巴塞罗那Digonal酒店主体是一座方形的多层建筑，外观主要黑、白两种颜色。240间风格迥异的客房仿佛一个个透明的单元体，直接面向窗外的风景。和透明标准间布局不同的是，混凝土外墙的客房出挑部分增加了小型的办公空间和会客厅，补充了商务功能（图14）。这些商务客房通过数根2.5 m高的枕梁穿过几个楼层，白色的混凝土枕梁具有很好的光感，从黑色的背景中凸显出来。远看水平的楼层就像乐谱，垂直的枕梁则成为其中跳跃的音符（图15）。

3. 三维组合上的异质性表达

三维组合上的异质性是将单元空间同时在三个维度上进行重复和变化的组合（图16）。显然，三维组合模式建立在上述两者的基础之上，因此所形成的空间和形式也更为复杂。

准格尔旗黄河召主题酒店的概念方案（三磊建筑设计）中，建筑如同大漠中破土而出的一块砾石。几何化的体量在空旷视野中成功打破地平线而又与地貌融合。客房完全朝向黄河，使住客拥有最好的视野。客房单体空间以透明的方盒子层叠而上，经过视线分析及设计，每间客房都可以从不同角度俯瞰湿地沙漠景观

8 罗马ES酒店室内（图片来源：互联网）
9 罗马ES酒店夜景（图片来源：互联网）

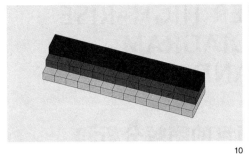

10

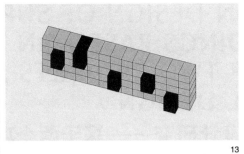

13

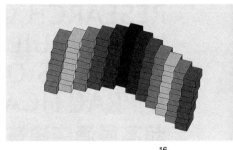

16

11

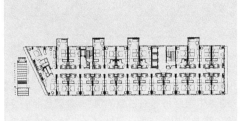

14

12

15

17

10 单元空间组合模式——一
维组合（图片来源：作者
自绘）

11 7800切什梅公寓与酒店剖
面（图片来源：互联网）

12 7800切什梅公寓与酒店
（图片来源：互联网）

13 单元空间组合模式——二
维组合（图片来源：作者
自绘）

14 Digonal酒店平面图（图片
来源：互联网）

15 Digonal酒店（图片来源：
互联网）

16 单元空间组合模式——三
维组合（图片来源：作者
自绘）

17 准格尔旗黄河召主题酒店
效果图（图片来源：互联
网）

并远眺黄河，创造了一个振奋人心的场所（图17）。

客房单元组合模式分类的方式并不是唯一的，从不同的角度
可以进行多种形式的分类。本文仅结合部分实例，从空间构成的
角度分析其规律性，以抛砖引玉。

三、结语

客房空间作为星级酒店中最基本的单元空间，对酒店内部空
间体验和外部形式构成起着决定性作用，从单元空间的定义及组
合的异质性来分析客房单元空间建构与酒店形式构成的互动关系
具有一定的现实意义，希望本文的研究能够为我国星级酒店设计
提供有益参考。

参考文献

[1] 郭志明. 建筑单元空间组合研究. 上海：同济大学，2006.

[2] 林嵘. 论建筑单元体组合. 天津：天津大学，2005.

[3] 兰开锋. 度假酒店客房设计研究. 长沙：湖南大学，2005.

[4] 刘常明，朱达莎. 星级旅游酒店建筑设计之探讨. 华中建筑，2010（5）：
86–89.

[5] 管雪松. 当微风翻开石头的书页——西班牙OMM酒店. 室内设计与装修，
2007（6）：66–69.

[6] 井渌. 站在巨人的身旁：Digonal酒店设计. 室内设计与装修，2007
（6）：46–51.

RESEARCH ON DESIGN OF SUPER HIGH-RISE HOTEL BUILDINGS:BASED ON DIAGRAM ANALYSIS OF TWO PROJECTS AND A PRACTICAL DESIGN

超高层酒店建筑设计研究——基于两个项目的图解分析和一次设计实践的回顾与思考

戴琼　张燕龙 I Dai Qiong Zhang Yanlong

伴随着城市用地的集约化发展和技术手段的革命性进步，建筑的高度不断攀升。21世纪以来，随着中国经济和旅游业的快速发展，全球顶尖的酒店管理集团已全部进入中国市场，包含酒店功能的超高层建筑建设量大幅度增加，每年以至少25%的增长率增长[1]。根据美国高层建筑和城市环境协会（Council on Tall Buildings and Urban Habitat，CTBUH）的统计，截止到2014年6月，中国300 m以上的建成建筑已达25栋，其中半数以上包含酒店功能。数据显示，高层建筑的建设量不但逐年增加，而且分布区域也逐渐从一线城市向省会级城市拓展。

高层和超高层建筑已经成为中国大多数城市核心区的主角，是组织城市生活、构成城市形象、承载城市文化的重要组成部分。从资源利用的角度讲，高层建筑体现了城市资源的集聚效应，其形象具有地标性，其功能的综合性能够带来巨大的商业效应，这在一定程度上契合了酒店的形象与品质需求。从空间组织层面上来讲，高层建筑将传统上平面铺展的城市空间进行竖向的集约组织，这种对城市传统生活的抽离是一种非常规的居住状态，更加契合酒店建筑的现象学原型。从城市的高空向下俯瞰，这种观者视角让无数顾客着迷，也成为高层酒店的核心魅力之一。

一、超高层酒店建筑设计的问题和难点

攀升的建筑高度给酒店带来前所未有的景观视野和空间体验，超高层建筑特有的空间组织方式和结构类型也给酒店设计提出了新的课题。一方面，超高层建筑在建筑安全方面（尤其是建筑消防方式）有严苛的限定条件；另一方面，超高层建筑的结构形式成为重要的制约因素。

超高层建筑中的酒店有别于独立的酒店建筑，其空间、功能与其他组成系统相互穿插、交织。本文所指的超高层酒店建筑为包含酒店功能、集多种功能于一体的超高层建筑。如何协调超高层建筑内部各功能组成的关系是超高层酒店建筑设计的重点之一。

酒店主要功能模块在超高层建筑中的垂直分布，导致各种功能流线竖向延伸，超高层建筑设计更趋复杂。诸如宴会厅、会议中心等大尺度空间，由于特殊空间结构要求和独立使用需求，往往在布局上与酒店主体空间竖向分离，单独设置在裙房内部。塔楼的平面形式选择、功能与结构体系协调、流线组织与核心空间设计都是超高层酒店建筑设计需要关注的部分。

长期以来，由于缺乏实践经验，国内建筑师对于超高层酒店建筑的设计方法始终停留在一种摸着石头过河的状态。随着市场对这部分产品需求量的增大，我们尝试从一些建成作品和设计案例中吸取经验。本文基于两个设计案例的图解分析和比较，对这一类型建筑设计的处理手法和布局规律进行梳理，并回顾思考将研究经验运用于具体设计实践的过程。

二、两个案例的分析研究

1. 以景观为主导的功能组织方式

2007年，坐落于深圳罗湖区深南东路的京基100以地上100层，441.8 m的高度，取代了地王大厦成为深圳的新地标。世界顶级酒店管理公司喜达屋集团入驻75～100层，打造超五星级豪华酒店——瑞吉酒店。穿梭电梯连接地面层的落客大堂和位于94层的空中大堂，客人在空中大堂向上向下分流进入餐饮活动区和客房区。作为世界最高酒店之一，瑞吉酒店设有一个带有玻璃顶的空中花园，花园正中为蛋形餐厅，身处其中，人们会有置身于大教堂般的空间感受。独有的景观视野和空间体验使这里备受欢迎。塔楼主体设有5个避难层，酒店功能位于顶部的两个分区，享有绝对的景观资源优势。酒店落客大堂在一层东侧与裙房结合，包围了一个独立的内庭院作为落客区。功能性较强的会议、健身等部分置于低于客房区的77和76层，紧邻设备层，满足该部分对于设备的集中需求，同时承担了上、下功能的主要转换。

深业上城（深业赛格日立旧工业区升级改造项目）位于深圳福田区中心地段，主塔楼的64～75层为文华东方酒店（图1），其中客房部分占据11个楼层。穿梭电梯将酒店客人从地上二层

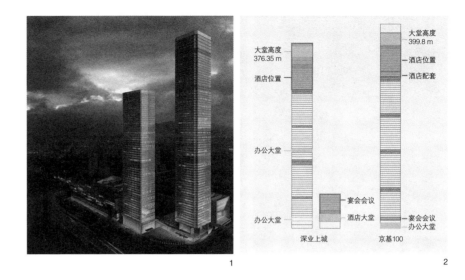

1 深业上城文华东方酒店
2 超高层酒店建筑竖向组织
  模式简图（图片来源：作
  者自绘）

入口直接送达塔楼顶层的酒店空中大堂。酒店的会议中心和宴会厅独立设置于另一座建筑中，主要功能空间保持东西向的视觉开放，使东侧笔架山、西侧创意产业园区及远处莲花山的山景尽收眼底。塔楼依功能分为三区，包括低区和中区的办公区以及高区的酒店区，功能分区的转换由设备层间隔。酒店在塔楼二层与宴会厅合设了落客大堂，它也成为酒店各种活动的分水岭，清晰地引导不同来访者的路线，同时将酒店大堂与办公大堂的形体在空间上统一起来，更营造了酒店专属气氛。

将景观资源作为超高层酒店建筑设计主导条件之一，决定了在绝大多数项目中酒店会占据高层塔楼的顶部空间。上述两个案例都在酒店塔楼顶端设置酒店空中大堂，既提供了最佳的景观视野，也以此作为酒店的"门脸"，体现了高端的空间品质。此外，空中大堂层结合观光和高档餐饮，成为组织划分公共区域与客房区域的核心分流区，便于顶部空间的独立经营，实现顶端景观优势的经济价值（图2）。

2. 平面分区、竖向集约的流线组织方式

深业上城的核心筒布局方式呈现出上下贯通、清晰明确的功能划分。整个核心筒的内部空间由北向南分隔为酒店服务区、办公区间电梯、穿梭梯、消防梯等几个单元。服务梯和消防梯的分

离保证了服务梯有相对独立的储藏空间，避免了借用消防梯作为服务梯时产生的功能混杂的问题。在超高层建筑中，这种方式对酒店的管理运营来说是非常必要的，因为很难从紧凑布局的平面中再分隔出一些空间用作服务，这意味着有时候不得不浪费整层面积用作服务和转换。酒店部分的客房电梯利用了办公区穿梭梯的井道，同时将整个核心筒的中部空出来（此部位在低区及中区为办公区客梯及电梯厅），形成客房区的通高中庭。然而，客人通过酒店穿梭梯到达空中大堂，需要穿过电梯厅进入酒店的登记处，之后再转向另一个电梯厅进入客房电梯，入住流线过于曲折，空间也都相对狭小封闭。

从这一点来看，京基100的穿梭梯无论在办公区还是酒店区，都拥有比较宽敞舒适的厅堂空间。但相较于深业上城的核心筒布局方式，京基100客房区辅助服务空间偏小，在使用中表现出了明显的不足。客房区的两部主要服务梯都需要在第73层进行转换，流程相对复杂。

总体来说，核心筒平面的划分逻辑直接影响着位于超高层上区酒店的功能使用和空间效果。客房部分的电梯可以利用低层电梯的井道，并结合中庭空间等进行特色设计；还要重视酒店功能对于货梯、服务梯的硬性需求，在核心筒内部应该预留贯通塔楼

3　　　　　　　　　　　　4　　　　　　　　　　　　5

的辅助空间；另外，综合大堂平面的划分应注意分区与分流。

3. 节点空间设计

超高层建筑的顶部无疑是塔楼中最具价值的空间，常结合造型设计为整栋建筑形体中最富变化的空间。位于京基100顶层的餐厅已经成为深圳标志性的顶级餐厅之一，建筑向上收分的造型创造出一个钢与玻璃的穹隆，设计结合表皮的桁架结构形成近40 m²的无柱空间，独具特色的蛋形餐厅漂浮在顶部空间的核心，丰富了整个塔楼端部的内容和层次（图3，图4）。餐厅周围的通高空间留给了酒店大堂和西餐厅，提升了整个大堂空间的品质（图5）。核心筒的结构退筒使客房区间形成通高中庭，并结合中庭将客房电梯设计为观光电梯。

深业上城的主塔楼造型纯粹洗练，顶部并无过多变化。餐厅、屋顶花园和水疗健身中心在空间上与空中大堂串联流动，可分可合。设计师只是简单地在屋顶餐厅周围设置花园，通过简单质朴的手法营造自然宜人的氛围，屋顶花园的环形室外空间为酒店提供了观赏视野。

在超高层建筑中酒店客房区的通高中庭多由于核心筒结构退筒形成，是一种被动的空间选择，现有建成案例的使用效果并不理想。如京基100中的客房区中庭给人黑暗压抑之感，缺乏视觉趣味。而深业上城中客房区长方形中庭平面长宽比更是超过了3:1，空间感受无法让人满意。两个案例都将酒店空中大堂设于塔楼顶部，导致酒店大堂这一活力空间与酒店的公共区域存在着一定的割裂，客房区所谓的通高中庭更显消极。如何平衡超高层建筑中酒店大堂和中庭的空间品质及活力带动作用，值得在设计中认真

思考。

三、贵阳金融中心一号地块超高层建筑设计实践

贵阳金融中心项目选址于贵阳市金阳新区，紧邻贵阳市市级行政中心。项目由中天城投集团开发建设，定位为贵阳市金融活动窗口及具有国际形象的城市顶级办公综合体建筑群。一号地块将建设高350 m和410 m的两栋超高层塔楼，两栋塔楼平面对称旋转30°以减少对视，同时确立双塔的互动形象，成为整个建筑群的标志（图6）。410 m高的塔楼地上84层，包括5A级办公区、JW万豪酒店和顶级空中会所，其中酒店部分位于49～73层，俯瞰金阳新区，西观山湖公园，东眺长坡岭国家森林公园。塔楼顶部设有高达30 m的造型洞口，观光平台位于345 m高度的位置（塔楼整体结构高度380 m，造型高度410 m）。

我们将酒店设置于塔楼高区，使之享有最好的景观视野。第50层设有两层通高空中大堂，其上设置普通客房、健身区、行政走廊、行政客房，总统套房位于第73层，顺应了不同空间的景观需求，使景观资源利用最大化。建筑的首层大堂和酒店的空中大堂之间由一组穿梭楼梯连接。首层大堂四个分区中朝向最佳、交通最为便利的东南面被作为酒店地面落客大堂，紧邻此入口在塔楼外单独设置酒店宴会厅。如此设计既解决了超高层建筑大空间附属用房的布置问题，同时使得塔楼造型独立完整，显得挺拔而富有张力（图7）。

在核心筒的平面组织上，我们也选择了横向划分功能区间的方式，将需要保留到塔楼顶部的酒店穿梭梯和消防梯集中于一

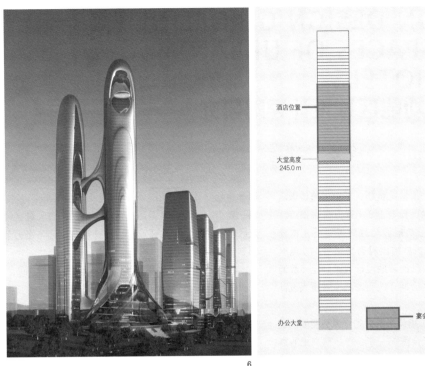

6
7

6 贵阳金融中心主体塔楼概念方案
7 贵阳金融中心JW万豪酒店建筑竖向组织模式及核心筒平面示意

侧,使办公区核心筒有机会在顶部做结构退筒,提供更为完整的空间。核心筒的功能分区在深业上城"办公+服务+穿梭和消防"的基础上进化为"办公+多义+穿梭和消防"的模式:北侧两组电梯为中低区办公空间服务,中部设有酒店服务梯、办公区穿梭梯和会所穿梭梯,南侧为消防梯和酒店穿梭梯。在酒店层平面中,办公区穿梭梯和中部公共走道所占用的空间作为酒店部分辅助服务空间,北侧已无核心筒。这种平面布局方式将可做结构退筒的空间集中在一侧,为生态空中花园的创造提供了可能。经过巧妙的安排,平面布局和竖向划分都形成了完整、流畅的序列:首层酒店入口大堂朝东南向,与宴会厅紧密结合的同时与另外3个办公大堂形成合理的分区;穿梭梯布置在核心筒南侧正对酒店入口大堂,核心筒从南到北明确分区,为高区结构退筒埋下伏笔;酒店空中大堂内,核心筒结构退筒形成边庭,且朝向景观相对较差的西北面,将其他三个优质景观面留给客房区;服务梯从地下室直通酒店各层,为高效率运转奠定基础。

结合核心筒在高区的结构退筒,设计牺牲了一部分原本可布置客房的空间,创造一个有自然采光的通高边庭。这种方式使得超高层酒店的通高中庭不再是一个核心筒退让后被动形成的封闭且黑暗的空间,而是一个真正具有生态意义的空中花园。设计在高区将中低区办公电梯井道完全取消,结合边庭空间设置了一组具有围合感的弧形观光电梯,在优化边庭界面的同时,也将客人搭乘电梯的过程从单纯的等待变成了欣赏美景的过程。除了玻璃幕墙,边庭的主要界面是客房观光梯、廊道以及小面积实墙,一方面提升了积极空间的共享效率,另一方面也使得人们在边庭中

的感受更为舒适。酒店的空中大堂设于塔楼中部,使大堂与边庭的结合更为紧密,同时空中大堂连接了酒店的公共功能区和生态边庭,形成整个酒店空间的核心。

四、结语

由于功能复杂、技术难点多,超高层酒店建筑设计仍然处于探索阶段。随着技术的发展和人们对于超高层建筑认识的深入,生态上的可持续将成为其重要的发展方向。这不仅仅依靠新的材料和节能技术的应用,还包括在整个设计过程中更加强化对使用者体验的关注以及对资源的优化利用。

注释
① 详情参见http://www.skyscrapercenter.com/。

参考文献
[1] 徐伟. 超高层综合体酒店大堂设计研究. 广州:华南理工大学,2012.
[2] RUTES W A, PENNER R H. Hotel Design, planning, and development. New York:Princeton Architectural Press,1985.
[3] 中华人民共和国建设部. GB 50352—2005 民用建筑设计通则. 北京:中国建筑工业出版社,2005.
[4] 鲁茨,潘纳,亚当斯. 酒店设计——发展与规划[M]. 温泉,田紫薇,谭建华,译. 沈阳:辽宁科学技术出版社,2002.

RESEARCH ON DESIGN GUIDELINE FOR FUNCTION SPACES OF URBAN FIVE-STAR HOTELS

城市五星级酒店功能区域设计导则研究

范佳山　张如翔　邹磊　郭东海 I Fan Jiashan　Zhang Ruxiang　Zou Lei　Guo Donghai

五星级酒店近年在中国进入了蓬勃发展期。据中国旅游饭店业协会统计，截至2014年3月，中国已开业814家五星级酒店。本文通过对数家酒店管理公司关于功能区域建筑设计导则的梳理及其对应品牌酒店样本的分析，总结出具有普适性的功能区域建筑设计导则，以期指导同类项目的前期设计成果满足多数酒店管理公司的普遍要求，避免因其后期介入引发颠覆性重大设计修改。

功能区域（function spaces）指酒店设置的一系列空间以适应宾客多样的会议、会谈和社交聚会需求，包含传统意义上的宴会区、会议区和相关辅助设施。功能区域在近年已经发展成为专为满足专业团体活动需求的部分，不但需要高档、规模较小的场所用于团体聚会、发布新产品、为高级经理安排再教育活动，还需能举办大型团体活动的各类设施，包括会议室、规模较小的多功能厅和宽敞的展览厅[①]。本文基于华东建筑设计研究总院业务建设成果《酒店公共区域建筑设计导则研究》一文撰写，所有数据均来自12家酒店管理公司导则和对14个本院参与设计的五星级酒店样本（非完全建成作品）进行的分析（对酒店管理公司导则的研究可以看出酒店管理公司对于设计标准的普遍要求，样本分析可以得出酒店管理公司根据每个项目的实际情况可以接受或核准的最低限度，故样本分析得出的数据可能部分不能满足品牌设计导则中提及的低限）。本文因篇幅所限，未列出所有分析表格，但最终结论均是通过表格数据的总结分析得出。

一、功能区域设计导则

1. 宴会区、会议区的流线组织

宴会区、会议区应尽量集中平层设置，并设有单独的室外入口，可直达宴会区、会议区或其专用的电梯厅。宴会区、会议区应与主要入口、酒店大堂、客房区和其他公共区域分离，以减少大量人流对住店客人的影响。去往宴会区、会议区的流线应避免与住店客人的使用流线交叉或冲突。宴会区、会议区应有专用的客用电梯或自动扶梯到达底层，基于住店客人的等候延迟和客房安保的考虑，应避免使用客房电梯到达宴会会议楼层，同时建议将其服务电梯与其他区域的服务电梯分设。

2. 宴会区、会议区的设置位置及空间要求

宴会厅由于有大空间需求，需要取消大厅内部的柱子，因此建议置于裙房顶层，以利结构布置，也可设置于地下室一层、二层非主楼范围内，相应地，与之相邻的会议区多位于主楼范围内。宴会厅区域通常需两层挑空，若需设置大量会议区，一半会议区与宴会厅平层贴邻设置，另一半会议区与之上下相叠，即贴邻宴会厅挑空区域。

宴会厅、会议室及其前厅均应提供无柱空间，且有自然采光，若实在无条件，宴会厅可以例外。有条件的宴会前厅建议与花园露台相连。宴会前厅与会议前厅建议独立设置，也可贴邻设置，可分可合，不建议需通过某一前厅才能到达另一前厅的空间和交通组织方式。当设置自动扶梯时，由于瞬时提升人流较大，宜先到达一具有缓冲功能的过厅，再通往各前厅，因此自动扶梯不宜直接设置在前厅内部（图1）。

二、宴会区设计导则

因应对外承接各类社会聚会、活动的需要，宴会厅三大功能定位为婚宴、会议及各类活动（含纪念活动、社交酒会、产品首发会、聚会等）。

1. 流线与空间组织

宴会厅应提供无柱空间，宴会前厅宜提供无柱空间。宴会厅应可划分成面积适用的数个小厅或合并成厅使用。宴会前厅应与宴会厅贴邻，宜在长边和短边侧均设置宴会前厅，以利划分后小厅的分别使用和作为一个大厅使用的情况；至少应在宴会厅一长边侧设置宴会前厅。前厅需考虑会议签到、茶歇、酒会、冷餐会等各种活动的面积要求，并应配置吧台及备菜区。

宴会厅分隔后的单元（小厅）应可以单独使用，确保客人和后勤流线可从厅外直达，客流进出和后勤送餐及污物回收流线不可经由其他单元。宴会厅内应考虑分隔墙体（划分小厅使用）的收纳。分隔后的单元应具备可独立控制的演示、声光控制和空调系统。

2. 宴会厅的面积要求

《中华人民共和国星级酒店评定标准》中，五星级酒店推荐设置可容纳200人的多功能厅或专用会议室及可容纳200人并配有专门厨房的大宴会厅；白金五星级酒店更建议设置有净高不小于5 m、至少容纳500人的宴会厅[②]。

从实例分析得出，可容纳120人，对应面积180～200 m²的宴会厅，是可举办传统中式宴会的最小配置，相当于万豪的两个"最小隔间"（80～100 m²）；而450～480 m²（300人）、750～800 m²

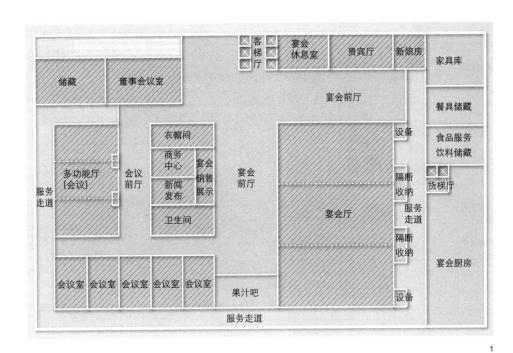

1

1 五星级酒店宴会区、会议区空间格局组织简图（绘制：郭东海）

（500人）、1 000 m²（650人）均是较为常用的宴会厅规模。宴会厅人均面积标准宜为1.55 m²/座。实际使用中，宴会厅使用和座位排布可分为剧场式、鸡尾酒会式、宴会式、教室式、董事局会议式等形式，容纳人数按上述顺序依次降低，即人均占用面积依次变大，每座面积为1.1~1.4 m²到1.9~2.3 m²不等（表1，表2）。

3. 宴会厅的平面长宽比及分隔方式的要求

宴会厅的平面长宽比为1.4~2.0，长宽比为1.4的样本一般会被对分为两个小厅，或者五分；长宽比为1.6~2.0的样本会被三分，也可被分为一大一小两厅；长宽比超过2.0的样本一般会被二分、四分（尾部小厅可再三分），或者分成"一大（中）+两小（侧）"的形式（图2）。分隔后的最小隔间面积约100 m²（可容纳60人）、200 m²（可容纳130人）、300~350 m²（可容纳200人），均是宴会厅分隔小厅后的常用面积。1.4是分隔后小厅最常用的长宽比（表3，表4）。

隔墙收纳间应设置在柱子靠宴会厅空间一侧，大梁应置于柱子外侧贴后勤走道，收纳途径以不打断结构大梁为宜。由于宴会厅空调机房一般设置在宴会厅上部，即贴邻宴会厅的挑空区，通常会在宴会厅隔墙收纳间的侧边设置预留风管间（净宽600~800 mm），便于向宴会厅内送风。

4. 宴会前厅的面积比例、进深和净高要求

宴会前厅宜占宴会厅面积的48%，不应低于35%。宴会厅使用特点是短时间产生大量且集中的人流，故应为其提供便捷、快速的电梯或自动扶梯的到达或离开方式。宴会厅前区应留有足够的空间，各个宴会厅的前厅尽可能独立布置，设置衣帽间和信息服务台，并以明确清晰的标识系统促进使用的流畅性。宴会厅（多功能厅）的前厅和休息厅作为会前接待、签

表1 五星级酒店宴会厅的面积要求（含对最小隔间要求）

酒店品牌	酒店品牌设计标准中的相关规定	酒店样本	样本情况/m²
悦榕	400~1 000 m²	北外滩悦榕	196.3
至尊精选	>280 m²	至尊衡山	438
索菲特	可用空间按每人1.5 m²的比率来计算，按照宴会的布置，宴会厅的最小容量应为350人	华敏世纪	1 358
洲际华邑	—	绿地中心	777
万豪	≥465 m²（净高≥5.48 m）	郑州会展	969
	465~930 m²（净高≥6.10 m）		
	≥930 m²（净高≥6.70 m）可分隔间，每隔间85~100 m²	北京华贸	1 293.75
文华东方		瑞明文华	722.38
凯宾斯基	总面积=客房数×2.20 m²	无锡凯宾	931.2
皇家艾美		世茂艾美	968.7
四季	一般情况900~1 100 m²	上海四季	746
凯悦	—	外滩茂悦	942/459
		苏州晋合	776
世茂	大宴会厅>740 m²　小宴会厅>270 m²	世茂闽侯	890/298
皇冠假日	—	松江深坑	952

表2 五星级酒店宴会厅容纳人数及人均面积的要求

酒店品牌	酒店品牌设计标准中的相关规定	酒店样本	样本情况		
			面积/m²	人数	人均面积/m²
悦榕	—	北外滩悦榕	196.3	130	1.51
至尊精选	—	至尊衡山	438	320	1.37
索菲特	最少350座，1.5 m²/座	华敏世纪	1 358	1 000	1.36
洲际华邑	—	绿地中心	777	516	1.51
万豪	分隔后最小应容纳60人	郑州会展	969	700	1.38
		北京华贸	1 293.75	760	1.70
文华东方	每个宴会座席1.2 m²	瑞明文华	722.38	440	1.64
凯宾斯基	—	无锡凯宾	931.2	460	2.02
皇家艾美	—	世茂艾美	968.7	520	1.86
四季	—	上海四季	746	500	1.49
凯悦	—	外滩茂悦	942/459	638/396	1.48/1.16
		苏州晋合	776	480	1.62
世茂	—	世茂闽侯	890	300（未定）	2.97
皇冠假日	—	松江深坑	952	—	—

表3　五星级酒店宴会厅平面长宽比的要求

酒店品牌	酒店品牌设计标准中的相关规定		酒店样本	样本情况		
	长宽比	分隔方式		长×宽	长宽比	可分隔成的小厅个数
悦榕	-	三分	北外滩悦榕	16.2 m × 11.5 m	1.41	2
至尊精选	1.0~1.5		至尊衡山	26.5 m × 16.2 m	1.63	2
索菲特		可采用活动隔断分隔	华敏世纪	44.15 m × 30.55 m	1.44	2或5（进一步细分）
洲际华邑	-		绿地中心	34.6 m × 22.45 m	1.54	3
万豪	1.8~2.2	四分，且尾部小厅可再三分	郑州会展	46.1 m × 21 m	2.19	
			北京华贸	51.75 m × 25.0 m	2.07	4（其中东侧一个可再三分）
文华东方	-		瑞明文华	40.35 m × 17.4 m	2.32	3
凯宾斯基	-		无锡凯宾	37.8 m × 25.7 m	1.47	3
皇家艾美	-		世茂艾美	57.1 m ×（8.5~18.0）m	三角形无法计算	4
四季	-		上海四季	38.1 m × 19.88 m	1.92	2/3
凯悦	-	三分	外滩茂悦	18.5 m × 27.75 m（扇形）	-	主宴会厅2个，次宴会厅不分隔
				36 m × 25.7 m	1.40	
			苏州晋合	29 m × 27 m	1.07	主宴会厅2个，次宴会厅2个
世茂	1.8~2.2		世茂闽侯	33.6 m × 25.2 m	1.33	2
				17.3 m × 17.2 m	1.01	2
皇冠假日	-		松江深坑	39.4 m × 23.4 m	1.68	2

表4　五星级酒店宴会厅分隔后小厅面积、比例及特殊要求

酒店品牌	酒店品牌设计标准中的相关规定	酒店样本	样本情况		
			面积/m²	长×宽	平面长宽比
悦榕	每个小厅应该有独立的演示及声光系统，可分别设置可移动舞台；分隔后可独立送餐和污物回收	北外滩悦榕	92.28	11.5 m × 8.025 m	1.43
至尊精选	如两个超过232 m²的大型空间都要举行活动，应使用双轨隔断（提供更好的隔音效果）	至尊衡山	252	16.2 m × 15.6 m	1.04
			175	16.2 m × 10.8 m	1.50
索菲特	≥180 m²	华敏世纪	340	21.9 m × 15.1 m	1.45
			143	14.19 m × 10.07 m	1.41
洲际华邑	分隔后的每个隔间均需设置自动投影屏幕	绿地中心	255	22.45 m × 11.4 m	1.97
万豪	最小应容纳60人，面积为85~100 m²，长大于9.75 m，宽大于6.71 m，长宽比1.8~2.2的长方形；典型分隔间至少容纳6张10人圆桌；每个隔间提供2个出入口，进出不穿越其他隔间	郑州会展	315	21 m × 15 m	1.40
			350（边侧两个）	25.0 m × 14.0 m	1.79
		北京华贸	302.56（中间两个）	25.0 m × 12.1 m	2.07
			116.66（东侧3小厅）	14.0 m × 8.33 m	1.68
文华东方	-	瑞明文华	194.01	17.4 m × 11.15 m	1.56
			334.36	18.7 m × 17.4 m	1.07
凯宾斯基	-	无锡凯宾	439.5	25.7 m × 17.1 m	1.50
			235.6	22.0 m × 10.2 m	2.16
皇家艾美	-	世茂艾美	138.0	14.65 m × 10.2 m	1.44
			223.3	16.2 m × 14.55 m	1.11
			292.2	23.1 m × 11.9 m	1.94
			315.1	31.5 m × 10.0 m	3.15
四季	宴会厅能划分为两个使用，分隔后尾部的小厅应可以分成三个更小的厅来使用；分隔后每个部分应能开设2 m宽的双扇大门和2 m宽的双扇服务门	上海四季	250	19.9 m × 12.6 m	1.58
			380.1	19.9 m × 19.1 m	1.04
凯悦		外滩茂悦	350	23 m（不规则）× 15.2 m	1.50
			593	25.8 m × 23 m（不规则）	1.10
		苏州晋合	388	27 m × 14.3 m	1.89
世茂		世茂闽侯	445	25.2 m × 17.7 m	1.42
			149	17.3 m × 8.5 m	2.04
皇冠假日		松江深坑	317	23.4 m × 13.5 m	1.73

表5　五星级酒店宴会前厅与宴会厅的面积比例要求

酒店品牌	酒店品牌设计标准相关规定（比例或最小面积）	酒店样本	样本情况		
			前厅面积/m²	宴会厅面积/m²	比例
悦榕	34%~50%，300~600 m²	北外滩悦榕	186.48	196.3	95%
至尊精选	-	至尊衡山	287	438	66%
索菲特	>25%	华敏世纪	481.5	1 358	35%
洲际华邑		绿地中心	271	777	35%
万豪	前厅至少为宴会厅净面积的40%（含临时设置餐饮区域）	郑州会展	383	969	40%
		北京华贸	706.79	1 293.75	55%
文华东方	宴会服务的35%	瑞明文华	293.53	722.38	41%
凯宾斯基	约占宴会厅的35%	无锡凯宾	511.6	931.2	55%
皇家艾美	-	世茂艾美	404.6	968.7	42%
四季	40%，独立于酒店其他活动区	上海四季	397	746	52%
凯悦	超过300 m²的功能应提供前厅；小于300 m²的可共享前厅	外滩茂悦	367/275	942/459	39%/60%
		苏州晋合	295	776	38%
世茂	宴会前厅面积通常是宴会厅净面积的1/3	世茂闽侯	375	890	42%
皇冠假日	-	松江深坑	709	952	74%

到、休息的场所，一般需留设进深不小于4.5 m或更大的集散宽度（表5）。

宴会前厅的进深一般为8~13 m，如果由于平面形状变化导致尺寸缩减，最小处也不得小于4 m。前厅至少占用一个柱跨，若自动扶梯必须设置在前厅内，应避免设于此柱跨内。

从客梯或主要楼梯至宴会厅的入口门所经过的路径不得有瓶颈口，最窄处不得小于4 m，净高应大于3 m。

面积小于200 m²的宴会厅，其净高应为3.8~4.0 m；面积小于400 m²的宴会厅，净高应为4.5~5.0 m；面积为800~900 m²的宴会厅，净高应为6~7 m。宴会厅层高等于所需净高、结构高度、设备高度以及吊顶厚度的总和。宴会厅跨度较大，一般在20 m以内的，可以采用钢梁形式，钢梁的高跨比为1/20~1/15，各类管线走在梁下，喷淋等水管可穿梁腹；若跨度大于20 m，一般采用桁架形式，桁架的高跨比为1/15~1/10，由于桁架为空

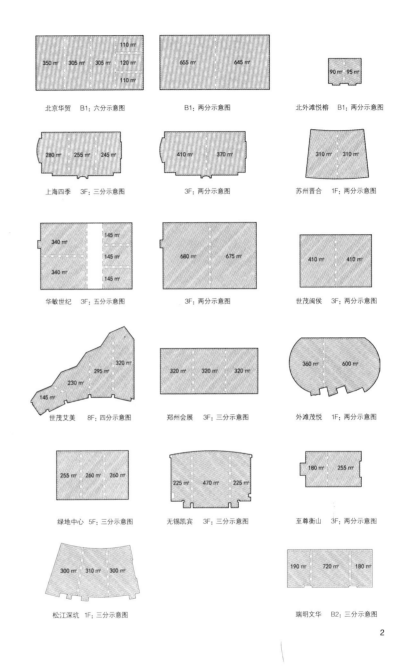

北京华贸　B1：六分示意图　　　　　　B1：两分示意图　　　　　　北外滩悦榕　B1：两分示意图

上海四季　3F：三分示意图　　　　　　3F：两分示意图　　　　　　苏州晋合　1F：两分示意图

华敏世纪　3F：五分示意图　　　　　　3F：两分示意图　　　　　　世茂闽侯　3F：两分示意图

世茂艾美　8F：四分示意图　　　　　　郑州会展　3F：三分示意图　　外滩茂悦　1F：两分示意图

绿地中心　5F：三分示意图　　　　　　无锡凯宾　3F：三分示意图　　至尊衡山　3F：两分示意图

松江深坑　1F：三分示意图　　　　　　瑞明文华　B2：三分示意图

2

2　五星级酒店宴会厅的分隔
示意图（绘制：邹磊）

腹，水管和部分风管可走在桁架的内部，但由于斜杆的存在，各类水管、风管、桥架的标高和水平位置宽度均需精确计算复核，需机电、结构与建筑各专业密切配合。设备高度主要由风管高度决定，由于风管是占用高度最大的管线，其他水管、强弱电桥架都应尽量避免与其上下交叠。空调风管高度一般会控制在630 mm以内，加保温后约为800 mm；即便是面积很大的宴会厅，空调风管占用的高度也会控制在800 mm左右，加保温后约900 mm；空调风管再高的话，暖通专业会建议分成两个空调箱，从两侧分设两根空调总管送入宴会厅。由于宴会厅大空间的排烟需要，需设置排烟管道，一般高度在400～500 mm，考虑到排烟与空调管的上下交叠不可避免，风管占用的空间总高度将被控制在1 200 mm

左右。吊顶厚度一般取150～200 mm，含内嵌灯具安装的高度（不含吊灯等）。从净高和上述数据可反算得到层高，因此，通常宴会厅应挑空两层设置。

5. 宴会厅前后区配套及服务设施要求

宴会区宜设置接待、贵宾室（含专用卫生间）、信息台、地址簿方向指示、展示陈列室、商务中心、服务台和食物饮料提供处、宴会销售、秘书处、公共电话间、衣帽间、卫生间、新娘房（含专用卫生间）、团队登记处、贵重物品存放、保险箱、厨房、服务备餐间、花房、声控音控室、灯光控制室、会议视频设备间、家具贮藏间、宴会食品服务设备与银器储藏、饮料储藏间（含酒类冷库）、同声传译、演艺人员更衣室等功能空间。必须设置配套的衣帽间、卫生间、厨房、家具设备贮藏间、声控音控室等用房。

由于婚宴是宴会厅重要的销售目标，上海外滩茂悦大酒店和华尔道夫均设置了婚宴销售区，主要进行婚宴的策划、展示并提供与客户交流的区域。

宴会厅的厨餐面积比为32%~35%，不含地下室的粗加工部分；当中餐厨房可以支持宴会厅厨房时，可适当减少。例如，800座宴会厅的建筑面积在1 200~1 250 m²，需要厨房面积380 m²（厨餐面积比约为32%），当中餐厨房可以支持宴会厅厨房时，250 m²即可[②]。宴会厅一般应设独立宴会厨房或卫星厨房，负责最后一道中餐热炒的工序，如果贴邻部分没有条件，至少应设置备餐间，配备加热炉灶，进行菜品加热、保温。

宴会厅配置贮藏的面积应为宴会厅面积的10%~20%。由于功能变化要求，宴会厅需用到大量道具和家具，甚至餐具、银器等，都需留有足够的贮藏空间，位置方便搬运，与宴会厅平层，且搬运距离较短。

在宴会厅的后部应设置服务走廊，串起一系列后勤功能，例如厨房、贮藏等。厨用手推保温车尺寸常规为1 219 mm×740 mm，所以，两车交汇所需最小净宽为1 500 mm。若服务通道的出菜与收餐共用通道时，为满足卫生防疫的要求，服务走道宽度不得小于2 400 mm[②]。有些服务通道上还会设置备餐台，并考虑在人员分餐时不影响通行，宽度宜做到3 300 mm。后勤部分的门高应大于2 200 mm，宜为2 400 mm；单扇门最小宽度为1 000 mm，双扇门最小宽度为1 600 mm。宴会厅的出入口由于存在隔声要求，通常设置双层门的门斗，门斗之间设置吸声材料，构成声闸。宴会厅内视线上应避免能直接看到后部的服务走道。

三、会议区设计导则

1. 流线与空间组织

会议区应提供可灵活分合且大小不同的会议室，以提供多样的会议、研讨和社交空间。会议室宜设有前厅和休息厅，以利于会前和会间休息的宾客使用，提供茶歇空间。会议室应有自然采光。董事局会议室应设置在较为私密的位置。

2. 会议室的面积、个数要求、容纳人数及比例配置原则

《中华人民共和国星级酒店评定标准》中规定五星级酒店至少设两个小会议室或者洽谈室，且每间至少能容纳10人[②]。会议室的设置有两种趋势，一是设置各类大小不同的会议室，以满足不同种类和人数的会议要求；二是均设置较大的会议厅，进行合理分隔后，得到不同大小的会议面积，保有较强的灵活性和机动性。一般酒店均会设置4~8个会议室（不含多功能厅，

表6　五星级酒店会议室个数、面积及容纳人数的要求

酒店品牌	酒店品牌设计标准相关规定	酒店样本	总个数	个数	面积/m²	单间人数
悦榕	建议面积60 m²，建议容纳20~30人	北外滩悦榕	3（可合并成1）+1	3	32.9	16
				1	32.7	12
至尊精选	最小面积46.5 m²	至尊衡山	7	1	113.9	40
				1	116.2	40
				1	57.8	15
				1	101.5	25
				1	72.5	25
				1	78.8	25
				1	136.6	45
索菲特	不少于100人会议的场所，最少设置1个120 m²的会议室和2个60 m²的会议室	华敏世纪	2（可合并成1）+3	2	118.9	40
				1	127.8	45
				1	135.6	45
				1	141.5	50
洲际华邑	会议区≥850 m²，或2.5 m²/客房，两者取大值	绿地中心	2（可合并成1）+2（可合并成1）+2（可合并成1）+2	1	80.9	30
				1	71.8	20
				1	75	30
				1	78	30
				1	65	40
				1	63.6	20
				1	59	30
				1	67	30
万豪	最小面积60 m²，最小面宽5.5 m	郑州会展	8	1	81.57	30
				1	169.4	60
				1	86.6	30
				1	84.3	30
				1	68.8	25
				2	91.5	30
				1	51.8	20
		北京华贸	5	3	90	20/56
				1	78.8	16
				1	60.4	18
文华东方	会议前厅区域约占功能区域的35%	瑞明文华	10	3	46.5	18
				2	67.9	44
				1	174.6	48
				1	199.8	58
				1	33.7	18
				1	34.5	18
				1	33.4	50
凯宾斯基	会议净面积=（董事厅+会议室+功能区）的总面积；会议区使用面积=会议净面积/1.50；会议室前厅约占会议室的35%	无锡凯宾	5	2	94	–
				2	89.8	–
				1	73	–
皇家艾美	–	世茂艾美	7	1	257.4	–
				1	56.4	–
				1	167.2	62
				2	123.4	16
				1	106.9	44
				1	85.8	22
四季	–	上海四季	6	4	60~72	–
				2	150	–
凯悦	–	外滩茂悦	5	2	37	–
				1	87	–
				1	76	–
				1	106	–
		苏州晋合	2（可合并成1）+3	1	134	–
				1	118	–
				1	44	–
				2	97	–
世茂	最小面积30 m²	世茂闽侯	10	5	118	26
				1	126	26
				2	76	18
				2	102	18
皇冠假日	–	松江深坑	10（其中2个可合并成1个）	1	41	–
				3	58	–
				1	86	–
				2	74	–
				2	114	–
				1	128	–

表7　五星级酒店会议室的人均面积要求

酒店品牌	酒店品牌设计标准中的相关规定	酒店样本	样本情况 / (m²/人)
悦榕	董事局会议室2.25～3.00 m²/人；一般会议室2～3 m²/人	北外滩悦榕	2.06；2.73
至尊精选	标准70 m²的会议室，满足2.32 m²/人	至尊衡山	2.85；2.90；2.91；3.04；3.15；3.85；4.06
索菲特	董事局会议室5～7 m²/人；一般会议室3.5～5.0 m²/人	华敏世纪	2.83；2.84；2.97；3.01
洲际华邑	－	绿地中心	1.63；1.97；2.23；2.50；2.60；2.70；3.18；3.59
万豪	董事局会议室2.8～5.6 m²/人	郑州会展	2.72；2.82；2.89；2.81；2.75；3.05；2.59
		北京华贸	1.6；4.5；4.93；3.35
文华东方	董事局会议室2.50 m²/座；50人会议室1.80 m²/座；20人会议室2.50 m²/座	瑞明文华	2.58；1.54；3.63；3.44；1.87；1.92；1.50
凯宾斯基	董事局会议室每间平均面积70 m²，1.80 m²/每座	无锡凯宾	－
皇家艾美	－	世茂艾美	2.4；2.7；3.9；7.7
四季	－	上海四季	
凯悦		外滩茂悦	
		苏州晋合	
世茂		世茂闽侯	4.22；4.54；4.84；5.66
皇冠假日		松江深坑	

备注：
①悦榕导则规定，董事局会议室45 m²容纳15～20人，一般会议60 m²容纳20～30人；计算得出会议室人均面积。
②喜达屋至尊精选品牌导则规定，标准70 m²的会议室，人均面积满足2.32 m²。
③万豪导则规定董事局会议室应大于56 m²，可容纳10～20人；计算得出会议室人均面积。

表8　五星级酒店会议室的面宽要求

酒店品牌	酒店品牌设计标准中的相关规定（最小面宽）	酒店样本	样本情况/m
悦榕	－	北外滩悦榕	4.65；5.1
至尊精选	5.5 m	至尊衡山	6.5；6.7；7.3；7.9；8.8；8.9；10.8
索菲特	－	华敏世纪	7.65；8.65；8.8；10.7
洲际华邑	－	绿地中心	7.88；8.1；8.4；8.66
万豪	5.5 m	郑州会展	4.8；7.8；8；8.5；9
		北京华贸	5.7；8.6；8.9
文华东方	－	瑞明文华	4.8；5.3；6.0；6.4；7.8；12.2；14.5
凯宾斯基	－	无锡凯宾	7.75；7.9
皇家艾美	－	世茂艾美	异形，无法定义长宽比
四季	－	上海四季	7.8；8.7；9.7；11.6
凯悦		北外滩茂悦	5.6；5.7；5.9
		苏州晋合	5.6；8.8；9
世茂	5.5 m	世茂闽侯	8.4；8.7；9；9.6
皇冠假日		松江深坑	5.65；6；6.5；7.5；8.9

划分后的数量）。面积为60～120 m²的会议室为宾客最需要和酒店最易租赁的会议室大小，可容纳25～50人（表6）。

《建筑设计资料集》中规定，会议厅的人均面积为1.5～1.9 m²，高级会议厅人均面积为1.9～2.3 m²。根据样本分析，此标准应提升至2.5～3.0 m²。董事局会议室应可容纳10～20人，最小面积为50 m²，也可设计为 110 m²左右，容纳20人（表7）。

3. 会议室及前厅的空间尺度要求

会议室的面宽大多集中在5.5 m和8 m，8 m为一个柱跨，5.5 m为一个柱跨减掉通行走廊的宽度。会议室平面的长宽比宜控制在1.5左右。当会议室有自然采光的时候，应考虑会议室用作教室式布局使用时的情况，故主入口与投影屏的布置，应利于阳光从与会者的左手边入射。会议室宜设置双扇门，宽1 800～2 400 mm，高度2 600 mm（表8）。

会议室最小净高应为2.8～3.0 m，宜做到3.6～4.0 m，建议层高为5.2～5.5 m。前厅高度要求同会议室；但当会议前厅与宴会前厅合用时，前厅净高会大于会议室内部净高。

4. 会议区前后区配套及服务设施要求

会议区建议设置茶歇处、休息室（吧）、贵宾休息室、吸烟室、商务中心、衣帽间、卫生间、贮藏等功能空间；至少应配置休息室、衣帽间、卫生间、贮藏等配套用房。

结语

本文从酒店功能区域的功能流线关系和空间格局组织展开，从12家酒店管理公司相关导则描述和14个相应酒店样本情况中提炼出面积要求、比例尺度、适用空间、辅助配置等全面指导酒店建筑设计的普适性导则，以期在其指导下的前期设计成果能满足大多酒店管理公司的品牌设计标准，减少后期因为品牌差异性和特殊性而引起的设计反复。

注释
①翻译自华东建筑设计研究总院在和edition品牌合作设计时，由edition酒店品牌ISC提供的纸质文件。
②摘自《中华人民共和国星级酒店评定标准》。

参考文献
[1] 瓦尔特A.鲁茨，理查德H.潘纳，劳伦斯·亚当斯. 酒店设计——规划与发展. 温泉，田紫微，谭建华，译. 沈阳：辽宁科学技术出版社，2002.
[2]《建筑设计资料集》编委会. 建筑设计资料集（4）. 2版. 北京：中国建筑工业出版社，1994.

DESIGN OF HOTEL BUILDINGS BASED ON HOTEL MANAGEMENT

基于酒店运营角度的酒店建筑设计要点

丁振如 | Ding Zhenru

　　酒店的建筑设计往往要考虑城市主管部门、投资者、建筑设计、酒店管理者等各方面要求，而这些要求经常存在矛盾，若处理不妥，很难实现建筑形象和酒店运营的双赢。笔者曾经历32家四、五星级酒店的方案讨论和建造过程，深切感受到建筑设计对酒店运营的重要影响，因此撰写本文，以期为建筑师提供参考，有助于其酒店设计工作的推进。

一、深入了解设计对象

　　酒店类型众多，分类方法也不尽相同。因应不同的选址条件、客源市场以及投资规模产生不同的酒店类型，设计者要准确判断酒店的类型、特点及其与其他类型酒店的区别，只有明确设计对象，才能在设计中少走弯路（表1）。

　　从表1可以看出，不同类型的酒店，客房及餐饮、会议、娱乐等设施的配置不尽相同，将某一类型的配套模式套用在其他类型的酒店设计中，不但会浪费资源，还会给经营造成困难，设计师应予以重视。

二、重视酒店的各种功能流线

　　酒店中的各种流线的合理安排是确保酒店品质的关键。如果存在流线交叉等问题，酒店的品质会大打折扣。应谨记：首先，客人流线不能与物流、垃圾转运等流线交叉或并行；其次，服务流线通常不与客人流线并行；第三，物流、垃圾转运等流线不能与传菜流线交叉或并行；第四，消防逃生路线最好与客人流线并行。

三、建筑形态对酒店经营的影响

1. 楼体曲面设计对客房布局的影响

　　一些酒店的外墙设计为曲面形式，虽然形成特别的建筑造型，但从平面上看，每间客房都呈扇形。外墙的曲率半径偏小（<15 m）会给客房布局带来困难。客房入口旁的管道井是为方便后期维修而设置的，卫生间紧邻管道井而设也是必然，这样一来，客房入口的宽度更加有限，有时甚至除了入户门，只够排布衣柜，卫生间只能排布于客房深处，造成客房内观景的位置被卫生间侵占。因此，建筑设计中应合理控制外墙曲面的曲率半径。

2. 大堂的空间尺度与利用

　　酒店大堂是客人出入、办理入住手续、迎接访客的重要场所，也是酒店区别于其他建筑的特色空间。中国很多高档商务酒店的大堂设计得豪华气派且尺度巨大，而欧美国家同类酒店的大堂虽然在这方面逊色很多，但凭借优质的服务和完善的设施以及较高的艺术品位受到客人青睐。笔者认为如果大堂只是客人出入及办理入住手续的空间，面积不必过大。如果希望酒店大堂豪华气派一些，可以将大堂吧、西餐厅、鲜花店、精品店等大堂配套的功能与大堂结合起来，避免利用墙体分隔大堂空间；也可以将餐厅、茶室的入口设置在大堂的空间内，既保持了大堂的豪华气派，又充实了经营内容。实现大堂空间的共享和充分利用，能够使这一单位面积投资最大的空间为酒店运营产生更多的经济效益。

　　由于酒店大堂需要高大空间，其上方往往做挑空处理，在消防分区时需要建筑设置防火卷帘或防火玻璃对挑空区域进行封闭，会增加建筑造价并且给装修带来困难。建议在条件允许的情况下，将酒店大堂邻近主楼独立设置，既可以减少柱子的数量，改善空间效果，又降低投资造价，同时也可为内部装修提供良好的基础条件。

3. 客房朝向对温度调节的影响

　　住宅设计通常将主要房间布置于采光良好的一侧，这是基于长期居住的考虑，但是在酒店客房的设计中，正南、正北的朝向却不

表1 不同类型酒店特点分析

酒店类型	地理位置	主要客源	功能设置	建筑形象
高档商务酒店	城市中心或商务区	高端商务客人，高端会议	客房为主，配有高端餐饮和娱乐设施	体量大，豪华气派，往往是城市或区域地标性建筑
精品酒店（主题酒店）	市区内或商务区	追求中高端居住品质和体验的客人	客房为主，配有特色餐饮和酒吧	体量适中，建筑与装潢极具特色
快捷酒店	城市繁华地区	公出人员，中低端个人消费	经济型客房为主，少数配有小型早餐厅	体量偏小，连锁特征明显，造型简洁
会议型酒店	城市周边地区	中高端会议	客房和会议设施为主，配有大型餐厅和宴会厅	体量偏大，大气稳重，不张扬
度假会议型酒店	城市周边地区或风景区	企、事业单位会议，奖励度假及节假日家庭消费	客房、会议室、餐厅、娱乐设施互为配套	低层建筑居多，强调园林景观，大气稳重
度假酒店	风景区	企业奖励度假，中高端个人消费	客房为主，配有餐饮和少量娱乐设施	强调建筑风格，追求造型独特，形态与景区融合
温泉酒店	温泉区域	注重养生的中高端个人消费	温泉客房和温泉泡池为主，配套相应的餐饮	多为庭院式建筑，追求建筑与园林景观的融合

注：篇幅所限，表格内容仅表达笔者对各类酒店差异的理解。

一定是最好的选择。因为多数客人白天外出，晚上回酒店休息，并不在意房间采光。而在过渡季节，正南、正北的朝向却给酒店供暖带来困难，毕竟南、北向客房室内温差会很大，在两管制空调系统的酒店，很难判断供、停暖时间，为酒店经营制造了麻烦。因此建议在没有风景或临街的情况下，避免正南、正北的客房布局，所有客房一天内均衡采光的布局可能更适合酒店运营。

4. 客房层层高对客房楼道高度的影响

在客房层，高度最紧张区域是走廊，因为新风管道、空调水管、消防主管道、强电线槽、弱电线槽等各种管道以及走廊的照明灯具均安装于其顶棚内，有些走廊还要安装消防强制排烟管道。因此设计客房层高度时，除了考虑楼板和梁的厚度，还要充分考虑设备管道、装修造型所需要的高度。一些酒店项目在限高条件下为了增加楼层数并降低造价，将客房层的高度设计为3.3 m。一般9 m柱距的梁厚度不会低于0.6 m；层间楼板厚度加上找平垫层厚度不低于0.25 m，所有纵向管线都需要在梁下安装，最占高度的空调新风管道在横向宽度的限制下，一般要占0.4 m；装修走廊顶棚即便不设置灯池，最简单的轻钢龙骨加石膏板最少占用0.1 m的高度，而且照明用的灯具还必须牺牲装修效果，安插在管道的缝隙中，不能单独占据高度。计算下来，装修后的走廊净高只有1.95 m。此外酒店客房走廊还要考虑高度与宽度的视觉效果，截面过于扁平的走廊，不但视觉效果不佳，而且令人备感压抑。因此建议酒店客房层设计高度不要低于3.6 m，走廊装修后的净高度尽量不要低于2.4 m。

四、平面布局对酒店经营的影响

1. 柱间距对客房的影响

经过长期实践，酒店客房的内容和布置相对固定，只在平面的长宽比上有所变化。客房间的分界墙通常以柱子的中心线为墙体中心线，因此客房平面的宽度要受到柱距的限制，常用尺寸为5 m、8.4 m、9 m等。就客房平面布置而言，一般除去一道卫生间0.3 m（加上装修表面做法）的墙体、客房隔墙两个半边墙体（0.3 m）及两个客房之间半个管道井（0.6 m）后，还要设置宽1.2 m左右的客房内小走廊、宽1 m左右的淋浴间、宽0.8 m左右的坐便器及进深0.6 m左右的衣柜位置。由此可见，客房平面宽度尺寸最少需4.8 m，综合考虑柱距加大后梁厚度的增加以及垂直向下地下车库车位排布的影响，笔者认为5 m或9 m的柱间距可能更利于客房内容的排布。

2. 同层厨房的需求与意义

将厨房设于餐厅旁，是酒楼、饭店的通常做法。在高星级酒店的厨房设计中，一些设计师认为这会浪费地上的优质空间，而将厨房设计在地下室，通过若干个食梯向上传送菜品。这样看似节省出很多经营面积，但忽略了餐饮的本质。酒店越高端，客人对菜品的质量要求就越高，不仅要求货真价实的食材品质，还更重视菜品的色、香、味。过长的传菜路径，过多的转手操作会使菜品变形、变凉、变色，失去菜品的香气，不仅会令客人失望，更表明酒店对餐饮品质的忽视。建议尽量把厨房设置在餐厅的旁边，《中华人民共和国星级酒店评定标准》对此也有较高的要求。

3. 宴会厅的空间特点与位置要求

酒店宴会厅是举行大型活动的场所，面积一般大于800 m²，净高一般大于8 m，其最大的特点是整个空间无柱，因此只能设置在裙房顶层或独立设置。一些大型酒店在用地面积紧张的情况下，为了满足功能配置要求，将宴会厅设计为3~5层，由此带来了大量人流疏散的问题。800 m²以上的宴会厅可容纳人数一般不少于400人。会议结束时，要在很短的时间内疏散这400多人不是容易的事情。一些客人要向上回客房，一些客人要向下去餐厅。即便有多部垂直电梯同时工作，由于每台电梯层层停梯下人，也使得每一次运转的时间过长，且大量人流拥堵在电梯口，这个问题在高层建筑中会更加明显。此外，大型活动需使用大量大型的展板和舞台背板，也会给垂直运输带来困难和危险，建议设计者要充分考虑相关问题。另外设计时还要重视宴会前厅的作用。大型活动开始前及散场时，宴会前厅要发挥人流缓冲的作用，会议中间休息时宴会前厅还要供人们休息交谈和摆放茶点，一些产品发布会或产品展示会还要利用宴会前厅摆放展品。有些设计者用走廊代替前厅，甚至忽略前厅，都是不妥的。一般情况下，宴会前厅的面积不要小于宴会厅面积的25%。

五、机电系统对酒店经营的影响

1. 各类设备用房位置对投资与节能运行的影响

一般情况下，酒店各种设备机房设置在地下室内，管道垂直向上将主机设备与末端设备相连，管道和设备系统循环流畅，机电设施的一次性投资最为节省。但一些度假酒店没有地下空间，设计者就将机房设置在地块边缘，看上去布局整齐，但忽略了机电系统运行的合理性。以集中式空调系统为例，空调管道中的热水或冷水在系统运行时要依靠水泵电机的运转，如果空调主机距离末端设备很远，管道产生的沿程阻力就会加大，会消耗更多电能，也会增大冷、热量的损耗，同时会增加管道铺设造价，无论以后的经营费用还是机电一次性投资都会很大。建议设计者认真考虑各类机房的位置，不要简单地追求布局美观，而忽略布局的合理性。

2. 内侧房间的温度控制

一些大型商务酒店的裙楼面积可以达到几千平方米，甚至一些与商城连体的酒店的裙房面积可达上万平方米。这样的设计，容易在平面布局时形成一些与室外相对隔绝的内侧空间，虽然这些空间的室温基本不受室外温度的影响，但是温度失控的问题就会凸显出来。在使用两管制的空调系统的酒店中，这样的内侧空间在冬天会产生过热现象，原因在于空间内的设备、人体、照明灯具等所产生的热量无法通过热交换方式传送到室外，导致室内温度不断升高，特别是中庭式建筑的内侧客房在初冬季节这一问题更为严重，即使这些房间停止供暖，室内温度也会上升得很高。建议通过加大房间的换气量、引入室外的冷空气来降温，还可以采用局部的四管制空调系统来控制温度。

（本文只代表作者本人的观点，若有错误之处与本人供职的单位无关。）

DESIGN OF GUEST ROOM OF TROPICAL SEAFRONT RESORT
热带滨海度假酒店客房设计要点

张昕然　胡映东 I Zhang Xinran　Hu Yingdong

客房是最能体现酒店特色的区域，其优劣直接影响到顾客是否选择再次入住。客人在热带滨海度假酒店客房的停留时间相比于在其他众多类型酒店中较长，客房除了满足住宿需求外，更充当"临时的家"，满足一次小规模家庭迁徙所需的大部分日常功能。因此，客房设计的核心是在满足使用者需求的前提下，形成品牌自身特色，实现人性化的最终目标。

一、客房的组织形式

客房相互之间的排列组合是实现使用者观景需求的主要手段，是达到酒店利益最大化的重要途径。客房组织形式应着重考虑与用地情况和自然景观的结合，形成适合自身条件的总体布局方案。充裕的用地条件、得天独厚的景观资源是热带滨海度假酒店区别于一般城市型酒店和其他类型度假酒店的一大特色。客房总体布局的核心是最大限度地利用自然景观资源，同时通过精心营造的人工景观实现每间客房都有景可观的效果。大海和沙滩是滨海度假酒店中最具价值的景观资源，建设用地所拥有的海岸线长度和形态直接影响了客房在用地中的总体布局。滨海度假酒店常见的布局形式有一字形、H形、Y形、U形等，不同的布局方式有其各自的优劣和适用范围（表1）。

二、功能布局的精细化设计

功能、风格、人性化是酒店客房设计的三重境界，在满足基本功能的同时，应侧重热带滨海度假酒店特点，对相应功能进行精细化设计。越来越多的设计者开始尝试改变传统的客房布局，在盥洗、储藏、室外休闲等功能上推陈出新，带给客人新奇的入住体验。

1. 盥洗空间

热带滨海度假酒店注重盥洗空间的设计，卫生间面积占客房总面积的比例由传统的30%发展至50%（图1）。卫生间在客房的位置包括靠走廊、靠外墙和分散式三类。靠走廊的布局通过增大建筑进深来缩小单元面宽，有利于在有限长度的景观面内布置更多的观景客房，经济性较好，同时方便管井检修；靠外墙的布局更注重盥洗空间的景观性，使洗浴空间成为欣赏景观、融入自然的场所；分散式的布局是前两者的折中，将盥洗区功能进行拆分，在不增加客房面宽的基础上，将有景观需求的洗浴空间靠窗布置或置于阳台，私密性较强的如厕空间靠走廊布置，既满足经济性又实现了度假酒店追求浪漫享受氛围的目标。客房卫生间有向景观视线极佳的区域移动的趋势，界限也逐渐模糊化。主要设备可向其他区域延展，如浴缸、淋浴、洗手台等可移至室外或睡眠区（图2）。卫生间的材质和用品更趋于表达滨海度假酒店所处地域的特性。

2. 储藏空间

针对客人长时间或家庭出游携带大量行李的特点，在热带滨海度假酒店中，通常会将传统五星级酒店狭长的衣柜功能扩展成宽敞的衣帽间。对储藏空间的设计应分析、归纳其条理性与合理性，注意储存的时空位置安排，方便存取使用，创造一个实用、美观的储藏空间，根据使用特点来选择储藏空间的形式（如封闭型、敞开型）。储藏空间一般会设置在从睡眠区到盥洗区的过渡区域，常与盥洗空间相连甚至部分重合，兼具储藏与更衣双重功能。一个设计得当的储藏空间不仅讲究形式和材质的选用，更加注重照明灯光的布置配合，并将客人旅行中的用品分门别类进行收纳，使其他功能空间井然有序，给客人良好的入住心情。

3. 室外休闲空间

热带滨海度假酒店客房更强调与环境景观的融合，主要体现在将基本功能空间布置在室内外过渡空间中。阳台、露台、室外庭院是室外休闲空间最主要的组成部分。通常首层客房有独立的泳池、庭院，直接与酒店主景观连通，创造更高的销售价值（图3）。

三、结构布置和机电设计

合理的结构选型和机电系统设计可以为客房精细化设计创造最优的先天条件，为后天的精装修设计打好基础。

1. 结构布置

度假酒店在结构布置方面有其特殊性。由于用地宽松，酒店的公共空间（如大堂、中西餐厅等）通常不在客房层的正下方，且度假酒店多为多层建筑，因此可采用短肢剪力墙结构（如海南雅居乐莱佛士酒店、雅居乐卓美亚度假酒店），该结构体系最大的优势在于剪力墙可与客房隔墙等宽（通常墙厚200 mm或240 mm），在客房内没有暴露的梁柱，室内空间规整。如客房下方设置大规模公共空间时，也可通过设置结构转换层来解决，但相应结构土建造价将有所增加。

另一种适用性更广泛的结构形式是框架剪力墙（非框筒结构）（如海口天利万豪酒店、三亚喜来登度假酒店），跨度由客

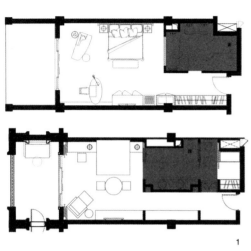

1

1 南燕湾丽思卡尔顿酒店客房原平面（上）与精装修后（下）大样对比

表1 客房总体布局方式对比表

类型	简图	优势	劣势	适用范围	实例
一字形		大部分客房可与海岸线平行布置，观海视角可达180°	如采用单边客房的形式，则平面效率较低	面宽大、进深小的用地，可多个一字形客房组合	海口天利万豪酒店、三亚亚龙湾万豪度假酒店、三亚太阳湾柏悦酒店
H形		客房采用中走廊，平面效率高，大堂位置显著，仪式感强	绝大多数客房的观海视角≤90°	面宽与进深接近或进深大、面宽小的用地	三亚喜来登度假酒店、三亚天域度假酒店
Y形		客房楼相对独立，相互视线干扰较小	大堂视线易受到客房楼遮挡	海岬等非直线型海岸线，或为后期增建预留用地	海南清水湾雅居乐卓美亚度假酒店、三亚亚龙湾红树林度假酒店、三亚美高梅度假酒店
U形		有限的海岸线长度争取了最大的景观面	客房之间存在一定视线干扰	面宽大、进深小的用地，且客房规模较大，可多个U形客房组合	三亚金茂希尔顿大酒店、三亚万丽度假酒店、亚龙湾瑞吉酒店、印度尼西亚 Marbella 饭店

房开间决定，通常为8.4~10.0 m，根据抗震等级不同，梁高一般为跨度的1/15~1/10。其优势在于下部公共空间可自由排布，缺点是梁高较大，使走廊吊顶高度受到限制，客房的新风管只能通过竖井送入房间。

2. 机电设计

在标准客房设计中，机电设备专业最主要的任务是确定管井大小，并给出室内深化设计需遵循的吊顶高度控制方案。影响管井尺寸的因素有楼层数、水系统数量、新风系统形式等。一般来说，管井中包含给水管、排水管、空调水管、送排风管和消火栓立管五类管线。给水管分为热水管（一供一回或一供两回）和冷水管，共3~4根；如需要分区供水则在此基础上加倍；有些标准较高的酒店还会要求提供直饮水系统和温泉水，给水管数量会进一步增加。排水管分为污水管、废水管、透气管和雨水管，热带度假酒店多采用开敞式外走廊，因此要特别注意在管井中预留雨水管的位置，一般经验是每组客房管井中两根雨水管，分别服务于屋面和外走廊。空调水管分为冷冻供水管、回水管和冷凝水管，需要尽可能布置在靠近风机盘管一侧。在管井中面积最大的管线是卫生间排风管和风机盘管的新风管，管线横截面面积一般均为0.2 m²左右。比较经济的方式是管井两两合用，可以较大程度地减小管井横截面面积（图4）。

确定吊顶高度控制方案需要对空调形式进行研究，一般标准客房采用风机盘管加新风系统的空调形式，风机盘管在每个客房的门廊吊顶内吊装，通过房间的调节按钮进行控制。新风机房主要采取分层设置和集中设置两种形式。分层设置即在各客房层均设置新风机房，通过水平风管从公共走道吊顶将新风送至每间客房。这种形式在建筑高度及容积率要求比较宽松的度假酒店中较

为常用，在客源不足的淡季还可分层关闭。但一般新风管会占用走廊高度300 mm左右，且新风机房应尽量避免紧邻客房，并需要做隔声减噪处理。集中设置即为新风机房集中设置在地下室、屋顶或设备层等位置，再通过每个客房的新风竖井送到房间，优点是节省了吊顶空间，可降低建筑层高，缺点是客房管井相对加大，且无法对每层的新风进行单独控制。结合已有案例数据，标准层的吊顶至梁下净高在400 mm以上时，可以采用分层设置；如不能满足则应集中设置。

在当今的网络信息化时代，无论是商务旅行还是休闲度假，越来越多的客人都希望在酒店里像在办公室或家里一样工作和娱乐，享受个性化和信息化的服务。因此，度假酒店服务也越来越向智能化、网络化、规范化、人性化、环保等方向发展，这包括灯光的智能控制、空调远程监视和控制、服务控制、SOS 呼叫、窗帘控制、客房状态查询、一键退房等功能，使客人获得更加便捷、舒适的服务。

四、隔声与节能

1. 墙体材料

建筑隔声减噪主要途径是针对隔墙和楼板等参与空间围护和分隔的结构部分而言，客房分户墙的计权隔声量要求是50 dB，楼板是55 dB。对于设计者和使用者通常更关心的分户墙的隔音处理，结合以往的工程经验对常用构造建议如下：①200 mm厚加气混凝土砌块双侧贴吸音材料。这是酒店常用的建筑材料，然而考虑到其密度较小的特性，对于隔音要求达STC55及以上的墙体需要配合轻钢龙骨、岩棉及石膏板加固以达到设计要求。虽然这个施工程序比较复杂，但由于两旁应用了轻钢龙骨，大大方便了客

2

3

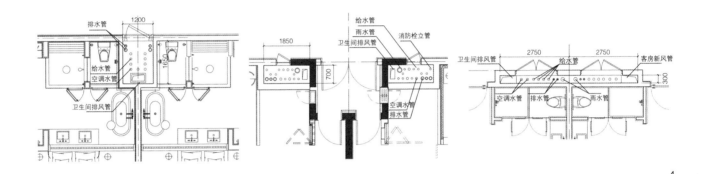

4

2 三亚湾君澜度假酒店客房
   浴缸设于室外
3 三亚文华东方酒店首层泳
   池
4 标准客房管井设计实例

房布线，隔音效果表现较为稳定。②轻钢龙骨双层纸面石膏板中间填充吸音材料。它的好处是减少墙壁厚度、施工时间快及全干作业，但材料成本较高。③240 mm厚灰砂实心砖。该做法在海南地区较为常用，实心砖对后期电气管线敷设、装饰物悬挂等均有良好的兼容性。

2. 节能措施

客房节能措施主要包括低技与高技两个层面。低技节能措施主要围绕通风、隔热和遮阳展开，一般单廊式的客房布置较易形成自然通风；阳台也是客房遮阳最常见的形式。高技术节能措施主要以绿色能源——太阳能为代表。自2010年开始，海南省要求酒店等公共建筑必须采用太阳能热水器作为生活热水热源①。海南地区太阳能板应南向布置，安装角度约15°，屋面设计中应预埋或预留太阳能板安装条件，避免对防水层的破坏，同时应在设计中结合屋面坡度、坡向充分考虑系统安装的可能性，减少太阳能板对立面造型及第五立面效果的影响。

五、结语

建筑设计先于室内精装修设计，为客房打下基础，更多的风格与人性化的创造需要硬装、软装等共同打造。建筑师应尽可能在前期与各方进行沟通，考虑到室内设计、后期运营等可能存在的问题，避免二次装修不必要拆改带来的建造成本增加，做到合理的精细化设计。

注释

①参见：2010年3月1日起实施的《海南省太阳能热水器系统建筑应用管理办法》。

参考文献

[1] 朱守训. 酒店 度假村开发与设计[M]. 北京：中国建筑工业出版社，
    2010.

[2] 唐玉恩，张皆正. 旅馆建筑设计[M]. 北京：中国建筑工业出版社，1993.

[3] 兰开锋，唐国安. 度假酒店客房设计的文化性及异质性[J]. 中外建筑，
    2005（6）：63-65.

[4] 张昕然. 海南五星级滨海度假酒店标准客房设计[J]. 建筑学报，2013
    （5）：20-22.

HOTELS IN METROPOLITAN CONTEXT: REVIEW OF SHANGHAI PENINSULAR HOTEL AND KEMPINSKI HOTEL DESIGN

都市语境中的酒店建筑
——上海半岛酒店及凯宾斯基大酒店设计思考

任力之　李楚婧 l Ren Lizhi　Li Chujing

都市具有凝聚、贮存、传递并进一步发展人类物质文明和精神文明的社会功能。在都市有限的地域内，大量异质性居民的聚居，为社会协作和人们的交往、交流提供了良好的基础，在时间和空间上扩大了人类联系的范围，促进了社会、经济和文化的发展。都市文化是市民在长期的生活过程中共同创造的、具有都市特点的文化模式，是都市生活环境、生活方式和生活习俗的总和。都市的精细分工与人口的异质性构成了都市文化的复杂性与多元性。

以1850年巴黎豪华酒店的出现为诞生标志的现代酒店建筑发展至今，有着其独特的发展历程与模式。而处于都市语境中的酒店建筑，与都市的经济、文化息息相关。本文以同处上海黄浦江边的半岛酒店和凯宾斯基大酒店为例，对都市酒店建筑设计的视角进行剖析。

一、上海半岛酒店

外滩，南起延安东路，北至苏州河上的外白渡桥，东临黄浦江，是上海这座东方大都会最著名的景观。上海外滩西侧的建筑群素有"万国建筑博览会"之称，这里鳞次栉比地矗立着海关大楼、和平饭店、原汇丰银行大楼等52幢哥特式、巴洛克式、罗马式、古典主义式、文艺复兴式、中西合璧式等风格迥异的大厦，在黄浦江西岸画出了一道优美的天际线。

坐落于外滩历史建筑群北首的上海半岛酒店，力求实现新建筑与历史建筑间的和谐共存。面向外滩一侧塔楼的高度维持于37 m，并通过逐步退台设计升至后半部60 m高的停机坪，使酒店能与举世闻名的外滩建筑群体量相当。创作从城市角度着手，反复验证建筑高度及体量，以使半岛酒店融入外滩整体丰富的景致。建筑采用与周边建筑相近的比例，延续原有外滩建筑群的天际线，令面向浦东的河畔区倍增独特的魅力（图1）。

设计中，将上海半岛酒店沿中山东一路的主立面与原有外滩建筑的界面保持齐平，并通过技术加强措施突破规范要求，以避免与相邻的光大银行间缝隙过大，形成外滩建筑物连绵无间的视觉效果（图2）。竖向线条和比例是外滩建筑为人称颂的两大特色，半岛酒店的外观设计是对20世纪二三十年代在上海流行的欧洲装饰艺术设计模式的致敬，但在具体实施时加上现代感的细部，并强调了立面的竖向构图原则。

在建筑温和优雅的外观下，设计者对于室内空间的构思更突出了其对于处在特殊基地环境中如何赋予酒店独特文化的考虑。半岛酒店的整体室内设计风格定格在上海拥有国际时尚和商业中心地位的20世纪的二三十年代。酒店内几个餐厅的设计，试图从各个角度唤起人们对那个辉煌时期的上海的记忆：航海主题酒吧以20世纪20年代遍布黄浦江沿岸的老式申王船这一上海海事发展史的见证为装饰母题，大堂和中餐厅则结合中国传统建筑元素着力复刻旧时上海名流高雅的社交场所的设计风格（图3）。

考虑到商业效益，基地内建筑形体分两次后退，后退形成的平台供酒店宾客及公众使用。另外，酒店后退的平台顶部在夜间将会灯火通明，与其他外滩的建筑灯饰互相辉映。酒店的顶层餐厅和酒吧享有广阔的视野，将其他外滩建筑顶部的璀璨灯光尽收眼底。

酒店的252间客房及套房位于第3层至第13层，每标准楼层有31间客房。每层均提供4部客用升降机和4部运货升降机，并且设有4部疏散楼梯。部分面向外滩及领事馆花园的房间设有落地窗，所有的客房均有开放景观及充足的采光（图4）。1.25万 m²的半岛公寓式酒店大楼位于基地的西南面。

半岛酒店9 400多平方米的商场集中布置于圆明园路，其余在东侧的商店则连接面向外滩的入口及大堂。公寓式酒店西侧的商场位于地面层及地下一层，商场的地点设置一方面是为了配合位于西面的外滩原地面商店的重建，同时也充分利用了连接领事馆花园及北京路的园景街道。设于外滩入口处的东侧商店，亦为该入口引入人流，创造出一条由外滩延伸至酒店大堂的室内购物街。

半岛酒店地块的北侧为英国领事馆花园，东侧为黄浦江。因此在总体布局上，客房塔楼沿着东北侧呈L形布局。对于楼层相对较高的客房而言，其最佳的景致无疑是俯瞰一条马路之隔的黄浦江，其次便是朝向领事馆花园的花园景观。在这两侧，客房标准层被设计为折转蜿蜒的外廊形式，以获取沿景观方向尽量长的展开面，从而实现观景面的最大化。其次，裙房中的餐饮及各种娱乐功能的设置也尽量结合景观以创造吸引旅客消费停留的场所——在酒店裙房中的餐厅用餐或是享用游泳池及水疗设施时均可饱览花园景致，就这些功能房间所处的较低楼层而言，有着欣

1 上海半岛酒店总体模型鸟
  瞰图
2 上海半岛酒店中山东一路
  沿街街景
3 上海半岛酒店大堂中餐厅
  室内
4 上海半岛酒店客房室内

赏紧邻着酒店的领事馆花园的更佳角度。

二、上海凯宾斯基大酒店

陆家嘴金融贸易区是上海的主要金融中心区之一，位于浦东新区的黄浦江畔，面对外滩。整个金融贸易区总面积28 km²，已有约100座大厦落成，成为上海乃至中国现代化建设成就的代表性城区。上海凯宾斯基大酒店（原上海哈瓦那大酒店）位于上海浦东新区陆家嘴中心区B4-3地块，属陆家嘴黄浦江景观建筑群的第一排。这座120 m高的五星级酒店（图5）配备有齐全的会议及商务设施，完善了区块内的功能配置。

从都市的角度思考，是这个项目的立足点。在如此重要的地点（黄浦江边，外滩的对岸），设计需要兼顾到建筑物从远近高低各个角度的"被看"效果。在总体布局和建筑形体塑造上，设计面临的主要难题是解决出于酒店使用经济性考虑的主体T字形布局和设计所倡导的轻盈、飘逸的临江建筑形象之间的矛盾。

从总体布局上考虑，T字形布局的塔楼可以使客房的景观面最大化，且这种布局的水平及垂直交通最为高效、便捷，满足酒店管理公司对客房流线布局的要求，但T字形形体易导致呆板的建筑形象。因此结合规划管理部门的要求，我们将主楼设计成高低错落的形态，垂直于黄浦江的主体控制在120 m高度，女儿墙自北向南由高减低，更显高耸挺拔；平行于黄浦江的主体降低一层，面宽减小。裙房的临江面也做切削、退让处理，弱化建筑对江面

产生的拥塞与压迫感，兼顾黄浦江及城市各个角度的景观要求。为了体现滨江建筑的动感，建筑的立面设计采用极富动感的曲面或穿插或游离于建筑主体；酒店主入口立面设置一道扭面玻璃幕墙，虚实对比强烈，创造出动静均衡、韵律和谐的意境。

酒店主入口面向银城北路，并留出宽阔的入口广场，辅助入口面向银城东路设置。西北角裙房退让，减弱临江面的体量感，地下机动车出入口均邻近基地出入口设置，避免对基地内行人的干扰。基地环路与裙房公共空间之间均有景观绿化等分隔。

凯宾斯基大酒店地处浦东CBD区，定位为商务酒店。裙房三层设置了会议中心，其中大厅为可灵活分隔的多功能厅（可分隔为4间会议室），可容纳1 000多人。另外设有各种规格的大、小会议室（图6）。宴会厨房连接中央厨房，为该层提供餐饮服务。裙房一、二层设有中餐厅、古巴表演餐厅、意大利餐厅、自助餐厅等多种类型的餐饮设施，并配有相应的厨房设施，为客人提供了多样性的选择。一层还设有雪茄商店，专售古巴雪茄，也暗示了中国、古巴合资建设的项目背景（图7）。

主楼的主要功能是客房和康乐设施。酒店设有多种形式的客房，包括各类标准客房、套房、豪华套房、超豪华皇家套房等，满足各类入住要求。如今酒店标准客房的布局已经基本模式化，如何突破常规形制，在有限的空间里提升宾客入住的舒适度成为凯宾斯基大酒店设计中功能创新的切入点。不同于寻常的酒店客房房门平行公共走道布置的方式，凯宾斯基大酒店客房的房门开

5

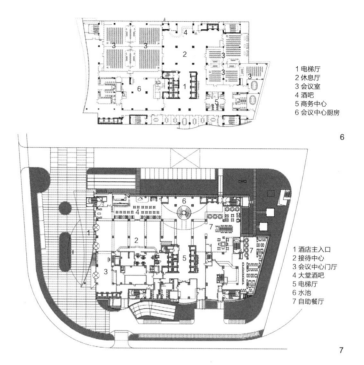

1 电梯厅
2 休息厅
3 会议室
4 酒吧
5 商务中心
6 会议中心厨房

6

1 酒店主入口
2 接待中心
3 会议中心门厅
4 大堂酒吧
5 电梯厅
6 水池
7 自助餐厅

7

在与公共走道侧墙成45°布置的墙面上，避免门口的人直接看到客房卧室，增加了住客的私密性。同时卫生间邻近客房一侧的另一条斜线使整个房间的空间显得宽敞，同时也可以避免从浴室到卧室的走道过长。主楼27层设有康体中心，配有游泳池、水疗室、健身房等现代化的舒适的康乐设施，休闲的同时可以饱览黄浦江的风景。

三、都市酒店建筑设计的视角

以上两个当代酒店建筑案例分别处于上海两种典型的都市环境中——历史积淀深厚的老城区和新兴的CBD区。无论位于何处，酒店都在现代都市的发展进程中扮演了重要的角色，其建造在相当程度上提升了周边乃至都市区域土地价值，同时形成了都市区域的标志。不同的都市语境下，酒店建筑设计创作的视角会各有偏重，上海半岛酒店和上海凯宾斯基大酒店分别从场所文脉、功能人性化、景观融入的角度很好地进行了演绎。

外滩曾是西方列强在上海的政治、金融、商务和文化中心，高度体现上海都市文化的国际性。坐落于众多历史悠久的外滩建筑之中的上海外滩半岛酒店的设计力求更丰富地注入文化内涵：以建筑形式为媒介注入——酒店的造型表达出对周围建筑文化的尊重，建筑设计手法表现为对历史语汇的现代式重构；以酒店的室内装修细节为媒介注入——运用当地的材料和细部，选择具有历史或文化代表性的艺术品、家具，营造具有鲜明地域文化特征的主题。

对于都市酒店而言，其服务的人群不只是入住酒店的旅客，更是面向区域性乃至整个都市中的消费者，因此在功能的配置上往往与其所处区域的都市功能、社会生活紧密结合。上海凯宾斯基大酒店位于浦东新兴的CBD区，在功能设置上结合其所处的地段，纳入会议、康体、婚嫁宴请等功能，演变成具有区域特征的多功能复合酒店。酒店功能的发展不仅体现为多功能的复合化，最基本的功能单元也不断地朝精细化设计的方向发展，上海凯宾斯基大酒店的客房设计就很好地体现了这一点。

利用景观环境来愉悦视觉，满足感官的享受，营造特殊的居住体验是酒店吸引消费者的重要手段。相比位于自然风景区的酒店，都市酒店的景观资源通常较为稀缺，且建筑布局受城市规划、规范等限制较多，因而在设计上更需要充分挖掘地块的潜力。在上海凯宾斯基大酒店的设计过程中，景观因素的影响对建筑的设计起了决定性作用——从总体布局、平面分区到形体塑造、立面构思都考虑到对景观要素的吸纳和利用。上海半岛酒店则根据项目地块拥有的景观资源，设计了景观层级梯度，针对不同功能对景观资源需求度的高低，选取了景观可视面最大化、景观利用最佳的布局。

结语

一个成熟的都市酒店设计往往是综合考虑了都市经济、文化、功能、景观因素后的结果，形成了都市酒店建筑设计和开发的特有模式。对于都市酒店建筑的设计者来说，平衡好各种利益关系，因地制宜地大胆创作是设计好这种类型建筑的基本策略。

5 上海凯宾斯基大酒店城市范围总体透视图
6 上海凯宾斯基大酒店三层平面图
7 上海凯宾斯基大酒店一层平面图

RESEARCH ON THE LOCALITY DESIGN OF RESORT HOTELS
度假酒店 "在地" 设计研究

王兴田　付妍 I Wang Xingtian　Fu Yan

长久以来，环境与建筑的关系始终是建筑设计中的核心问题，中国传统建筑体现出的 "天人合一" 的哲学观是先人对建筑适应自然环境的谦和态度，也是千百年来建筑匠人不断遵循的典章。"在地" 意为客观融入当地，是建筑设计思考的出发点和落脚点。本文结合度假酒店项目来理解建筑的 "在地"。与其他建筑类型相比，度假酒店不仅在文化内涵上追求 "天人合一" 的精神境界，而且其商业开发是一个由设计者、开发者、使用者共同作用的复杂系统工程，设计者需要考虑多方需求、扮演多种角色。在全球化的影响下，地域文化大放异彩，消费者对不同地域环境的体验需求推动了酒店建筑设计的在地思考。同时，度假酒店的设计也出现很多问题，其空间设计正逐步失去内在的个性和特色，由内而外地，其形象也逐渐丧失融入当地环境的动力，"在地" 更多作为项目宣传中例行的修辞而非实在的设计操作，度假酒店由此退化为旅途中的驿站而渐失人与自然的纽带作用。在地性的消失使得建筑在人与自然的接触中越发边缘化。

一、建筑 "在地" 思考的缘由

大地是万物生存的载体，"在地" 就是思考建筑依附大地的关系。离开大地，建筑就不复存在，建筑的 "在地" 就是对大地的感恩。

"在地" 是研究建筑的本质而非经验。在快速的城镇化进程中，城镇和建筑已被同质化，建筑的特质和所属地域的环境被忽视。重回建筑的 "在地" 思考，是对当今城镇发展与建设趋向的反思。

"在地" 是一种精神回归，是对生存载体的再认知。"人法

地，地法天，天法道，道法自然"，"天人合一" 是人、地、天、自然之间高度和谐的美妙境界，同样诠释了人、建筑与自然的关系准则。

建筑依附大地而存在。这要求设计回归大地，尊重并顺应自然环境，让建筑从自然中来，到自然中去，营造融情于景的意境。

二、度假酒店的 "在地" 思考

人们旅游的目的多是远离城市的喧嚣和工作的压力，进入 "洗礼尘埃现光明" 的状态，身心得以放松，心灵得到洗礼，由此滋养博大的胸怀，寻找人生更高的境界。因而度假酒店应通过对空间与场所氛围的营造使人获得一种与自然融为一体的体验，其设计应更关注建筑的 "在地"，关注人最本质的需求。

一方面，度假酒店不像城市酒店多位于城市中心位置，而大多建在滨海、山野、林地、峡谷、乡村、湖泊、温泉等自然风景区附近，所以建筑 "在地" 的设计追求表达了对自然环境最直接的关注；另一方面，度假酒店是城市发展的副产品，是人类弥补城市生活缺失的衍生产物，是人与自然连接的纽带，因此 "在地" 对度假酒店的设计具有适用性和必要性。

1. 休闲度假的需求——弥补城市生活的缺失

度假酒店以接待休闲度假游客为主，为游客提供住宿、餐饮、娱乐与游乐等多种服务。伴随着城市的繁荣与扩张，城市生活逐渐远离自然，休闲式的度假体验能够有效弥补城市生活的缺失。在全球化蔓延的今天，日趋同质的建筑形态使千城一面。为实现生活的环境需求，欧美国家试图通过城市的郊区化发展来满足人们对更接近自然的生活环境的需求，在城郊建立融入自然环

境的生活社区。而对于现代中国，城市似乎从未实现过真正意义上的郊区化；或者说中国的城市发展速度过快，城乡的边界线在不断推移以至于郊区的范围始终无法固定。城市的郊区化发展试图将自然引入都市，但无论在欧美国家还是中国，城郊往往终被城市的氛围吞噬，无法承载人们融于自然的渴望。

人类城市文明发展伊始，度假作为城市人在城外的休闲活动亦开始萌芽。人类对于自然的依恋深藏于潜意识之中，在紧张的城市工作生活中常常迸发，对于度假休闲的需求更加强烈，度假酒店成为饱受城市生活纷扰的疲倦的人们的皈依之所。建筑在地是度假酒店最本质的追求。

2. 度假酒店的在地情怀——人文与自然的统一

时至今日，度假酒店已成为中国在城市生活的人们回归自然的普遍选择。中国传统文化遗留下来的对于归隐田园的迷恋，催生了中国富裕阶层休闲方式的选择，以及一系列建筑实践。中国的度假酒店设计，罕见浪漫主义的冒险与尝试，也没有乌托邦式的理想与虚无；它并非畅想未来，而是希望回到最初的土壤中汲取灵感——这一客观融入当地的设计过程，充满了与"全球化"截然不同的"在地"情怀。

度假酒店不是单纯提供食宿的驿站，更重要的是体现人本理念，挖掘文化内涵，用个性化的优质服务为度假者创造一种全方位的休闲生活经历，创造一个人文精神与自然环境相融合的场所。"天地有大美而不言"，原生形态中的鸟语蝉鸣，潺潺溪流边的郁郁葱葱，繁华都市之外的绿意胜景……这些自然美的存在与城市生活构成了一种对立的统一，人们在欣赏的同时，也会把自己的情感和愿望寄托到自然之美中。人们对于自然美的渴望实际上代表了一种精神上的回望和皈依，这种反城市化的取向使得

度假酒店的建筑设计更倾向于自然景观的融入。国内的度假酒店，如杭州云缦法安酒店、莫干山裸心谷度假村、西藏瑞吉度假酒店、恒茂御泉谷度假山庄等都不约而同地选择了自然环境优越的山水之地（图1）。

三、度假酒店的在地化表达

1. 在地化的情境建立

对于度假酒店，情境空间是灵魂所在。度假酒店提供的不仅仅是建筑，而是生于斯、长于斯的在地体验。度假酒店具有生长于土地之中的独特气质，这也意味着对于非在地化的建筑表达的强烈排斥：排斥统一的模式与句法，排斥具有城市印记的符号与意象。在地情境使人们的灵魂暂时栖居于生活的"别处"，是度假酒店具有的独特魅力与存在意义。

度假酒店在地情境的建立旨在寻找到一个自然与人文的连接点，让人们在回归自然、享受自然的同时又不失生活的品质（图2），使酒店成为人们逃脱紧张压抑的城市环境的修身养性之地。

2. 在地符号的援引

在地设计要求客观地融入自然，这意味着对于当地文脉的真实呈现，将人在自然中畅游作为获得审美愉悦方式的中国传统空间能够最充分地体现这一点。因此中式风格在度假酒店设计中大行其道，传统建筑符号频繁运用，但一系列坡顶、瓦屋面、木构架等传统元素堆砌之下呈现的依然是现代建筑的城市化内核，而传统建筑的在地情境却没有真正渗透其中。"在地"并非简单的符号运用，客观融入也不意味着全盘仿制当地建筑元素。因此，让宾客在度假酒店中太过直接地看到熟悉的本地文化符号并不明智；重新设计对传统符号进行转译的建筑元素（图3）能够提供更

1 恒茂御泉谷度假山庄鸟瞰
2 莫干山裸心谷度假酒店客房阳台景观（图片来源：互联网）

3

4

3 恒茂御泉谷度假山庄中心酒店木作雨篷
4 西藏瑞吉酒店（图片来源：互联网）

为饱满的建筑体验，也能够真实反映建筑的在地特色（图4），使人们行走和变换观赏角度时可感受到一种动态的空间气质——这种气质透露出的并非中式建筑凝固的片段，而是传统建筑空间的在地传承。

3. 技术的掣肘

现代建筑对于中国设计界的影响由来已久，但还是存在太多难以逾越的技术瓶颈。低技术之于中国明星建筑师的意义也许就是水中的浮木，几乎所有出人头地的设计师都能切身体会到这一权宜之法的重要性，也使得更多建筑师不自觉地回避技术上的风险与难题，而将在地和低技术这两个毫无关联的概念等同起来。

在地设计需要从当地建造技术中汲取灵感，并非对于传统技术不加取舍的应用；建筑的艺术性不一定需要高科技作为支撑，建筑技术的进步也并非处于在地建筑的对立面。先进的材料与制造工艺创造出的现代建筑空间往往带有浓厚的人工色彩，即便是奢华的装饰也难以掩盖建筑空间中附着的城市化的效率与执着，这与度假酒店回归自然的韵律貌似格格不入，但无法否认的是，度假酒店并非茅茨土阶的历史复原，而是功能和艺术上的现代产物。

以"在地"为原则，本地建材与施工工艺的使用与高技术的探索并不冲突，尤其对于度假酒店这种功能多样、系统复杂的建筑而言，大胆的结构创新与新颖的节点设计是其融于自然的技术保障。材料加工技术的先进性与使用技术的原生化并行不悖。碎石、原木、竹篾等容易就地取材的原生建筑材料固然丰富，却不足以完成度假酒店这样的复杂工程，完整的建筑应由当地材料与舶来品共同组成。如杭州安缦法云酒店，其建筑外观及材料选用都与古建筑无异，但墙体、门窗、机电管线等设施都达到了国际

先进水准。建筑师需要提供创新的建造方法以实现建筑的在地化。对于建筑而言，现代技术的应用是以文脉的延续代替仿古的回退，也完成了在地建筑传承与再生的统一。

四、建筑师的"在地"

建筑师的"在地"并非指建筑师的当地化，而是指建筑师必须"重回"建造现场。建筑师的设计观念与身体力行的客观融入是酒店在地设计最为重要的两个环节。度假酒店的游客的住宿期一般2～7天，且有较多的时间用于以酒店为中心的步行休闲活动。在这一过程中，酒店建筑方方面面的细节和设计意图都会呈现在游客眼前。因此建筑和周边环境交界面的有机融合需要设计者长时间地体会和琢磨。在此要特别指出的是，拥有在地的设计意图并不代表会产生在地化的建筑作品。在地所指的客观融入当地显然并非短期内所能完成，而需要一段相当长的时间。建筑师应深入场地中体会，体会建筑与环境、环境与人、人与建筑之间的和谐关系，这种客观的审视与主观的融入（即本地化）相比，显然需要付出更多的时间与努力。

结语

度假酒店的设计是一项复杂的系统工程，不仅要提供不断升级、舒适便捷的居、食、行设施，更重要的是为宾客提供更多的人性关怀和精神抚慰。遵循可持续发展的理念，用现代技术手段减少建筑对自然环境的负荷的在地设计是社会对于度假酒店建筑的期待。基于此，设计师需要着眼于体现"在地生活"，通过突出度假酒店自身的建筑特质，表达当地文脉特征，强化地域特色，从而让宾客感受山水之间的奥妙，体味建筑与自然的和谐。

AREA CONTROL OF THE FUNCTIONAL ZONE OF FIVE-STAR BUSINESS HOTELS IN SUPER HIGH-RISE COMPLEXES COMBINED WITH SAMPLE CASES

结合样本案例谈超高层综合体中的商务五星级酒店功能区面积控制

安娜　董丽丽 | An Na　Dong Lili

随着近年来中国经济的发展以及城镇化、土地集约化的推进，各地出现了大量的城市综合体建筑，其中不乏商务五星级酒店。超高层综合体中的商务五星级酒店已成为新的酒店建筑类型代表，探讨该类酒店的设计具有其必要性。

本文以华东建筑设计研究总院最近设计完成的长沙世茂希尔顿酒店为例，对其客房区、公共区、后勤区等设计关键数据进行介绍，并与其他两座商务五星级酒店的客房、餐饮、会议等指标进行比较、分析，旨在提供位于超高层建筑综合体内的商务五星级酒店的样本，为未来类似项目的建筑设计工作提供参考。

长沙世茂希尔顿酒店位于湘江西岸的滨江新城片区，综合体塔楼高度约241 m，地下3层，裙房地上4层，主楼51层。项目地下室为设备机房、酒店后勤区与车库；裙房四层为酒店宴会厅；塔楼一层为办公入口及酒店健身房，二层为酒店入口及精品商业，三层为酒店餐厅，四层为酒店会议室；塔楼低区为办公区，高区（39~51层）为希尔顿酒店，共有客房300间。本文选取的与长沙世茂希尔顿酒店进行相应数据对比的两座高度类似、区位和规模有所差异的商务五星级酒店分别是上海华敏帝豪酒店，位于上海市静安区54号街坊一座230 m超高层塔楼的29~56层，客房539间；南昌绿地洲际酒店，位于南昌市一座250 m超高层塔楼

的39~56层，客房280间。

一、超高层综合体中的商务五星级酒店建筑设计特点

超高层综合体中的酒店设计，通常因超高层综合体用地受限、多种功能复合交叉、平面集约化布置、人流车流多样复杂等特性而具有一定难度，酒店的投资成本也会有所加大。在城市中心的超高层综合体建筑因区位和用地因素，酒店的选型通常为城市商务五星级酒店，主要供商务人士短期停留使用，相对于度假型、会议型酒店来说，其建筑设计以住宿的基本功能为主，兼具会议、餐饮等辅助功能，休闲娱乐功能则相对较少。

为了提高酒店的景观价值，超高层综合体中酒店功能通常布置在塔楼上部，酒店的部分公共区设于裙房中，因此导致酒店流线较长。超高层综合体承载多种功能，底层面积比较宝贵，经常将酒店大堂设在上部，通过门厅、穿梭电梯将客人引入空中大堂。酒店的客房区受到塔楼标准层平面规模的制约，更需要考虑竖向发展，因而竖向交通设计成为保障酒店运转顺畅的重要因素。

二、功能区面积控制的重要性

科学合理的建筑设计对酒店的成功至关重要，酒店星级定位

表1 长沙世茂希尔顿酒店经济技术指标

主要指标	数值
酒店总钥匙数量（Keys）	300
酒店客房数（Rooms）	300
总建筑面积（酒店部分）	50 829 m²
地上建筑面积	35 532 m²
地上层数	17
酒店单元总数（Bays）	324
参考员工人数	429
每单元平均总建筑面积	157 m²
地下建筑面积	15 297 m²
地下层数	3

注：单元数为图纸中一个标准的柱网结构分隔出的区域。

表2 样本案例各区域面积比较

主要指标	长沙世茂希尔顿酒店	上海华敏帝豪酒店	南昌绿地洲际酒店
酒店客房单元数/钥匙数	324/300	620/539	299/280
酒店总建筑面积/m²	50 829	87 442	47 199
每客房单元占建筑面积/m²	156.9	141.0	157.9
客房区面积/m²	21 432	48 560	22 269
客房区总建筑面积占比	42.2%	55.5%	47.2%
公共区面积/m²	14 100	19 230	12 002
公共区总建筑面积占比	27.7%	22.0%	25.4%
后勤区面积/m²	9 597	8 852	8 448
后勤区总建筑面积占比	18.3%	10.1%	17.9%
停车区面积/m²	5 700	10 800	4 480
停车区总建筑面积占比	11.2%	12.4%	9.5%
停车车位/个	150	270	112

注：行政酒廊、总经理套房需计入客房区面积，但不计入客房钥匙数。

表3 长沙世茂希尔顿酒店客房规划

名称	客房平均面积/m²	客房数	拟定均价/（元人民币/d）	预期入住率/%
单床房	43.15	138	1 100	75
双床房（标准间）	40.93	141	1 300	80
残疾人单床房	41.02	2	1 100	70
普通套房	72.39	18	1 800	60
总统套房	273.2	1	50 000	5
行政客房层酒廊、会务室及备餐间	231.5			
总经理套房	143.79			
总计		300		

注：部分数据来自世茂集团，行政酒廊、总经理套房需计入客房区面积，但不计入客房钥匙数。

表4 样本案例客房区指标

主要指标	长沙世茂希尔顿酒店	上海华敏帝豪酒店	南昌绿地洲际酒店
客房标准层面积/m²	1 786	1 778	1 713
客房（标准间）面积/m²	40.93	43.53	39.13
客房标准层单元数	27	24	23
客房标准层层高/mm	3 800	3 350	3 675
客房开间×进深	4 500 mm × 9 500 mm	4 500 mm × 10 250 mm	4 500 mm × 9 175 mm
走道宽/m	1.75	2	1.8, 2
酒店穿梭电梯数量	3	2	3
客梯数量	4	6	4+2
服务电梯数量	2	3	3
标准客房层平均得房率/%	72	73	78

的不同反映在酒店的各项关键数据中，影响成本的主要因素是酒店的总面积和酒店的每客房单元占用建筑面积指标。商务五星级酒店的总面积指标根据客房数量规划不同而异，酒店建筑面积主要由客房区、公共区、后勤区和停车区几部分组成。组成比例影响着可盈利区域的规模，决定了酒店投资回报率水平。受超高层标准层利用率的影响，一般来说，位于超高层综合体中的商务五星级酒店的每客房单元占用建筑面积指标相对于纯酒店建筑偏高，同样的客房数总的建筑面积偏大，酒店的投资成本也相应增大。因为世茂集团有较成熟的酒店建造经验，在长沙世茂希尔顿酒店设计过程中，世茂集团对酒店的总体和各部分指标都进行了严格控制（表1），在项目的深化过程中，对面积的反复调整占用了较长的设计周期。

一般商务五星级酒店的每客房单元占用建筑面积110～130 m²，而位于超高层综合体中的五星级酒店每客房单元占用建筑面积就要偏大一些，本文中3个项目的这项指标为140～160 m²（表2）。

三、样本案例数据分析

1. 客房区（表3，表4）

超高层综合体中的酒店客房区一般位于塔楼上半区，为了满足高层建筑防火规范要求，超高层的标准层面积在2 000 m²以内居多，未来随着新防火规范的发布，这一数字将改为3 000 m²。标准层的形状对客房的布局也有影响，长沙世茂希尔顿酒店的客房层平面是三角形，且每个边都有弧度，就需要注意靠近角部的客房单元的进深是否足够（图1）。如果综合体塔楼下部的办公电梯在上部取消，如何缩减核心筒的面积是需要考虑的问题。上海华敏帝豪酒店在酒店层利用下部办公层的电梯位置形成中庭空间，但是这种做法要考虑对结构设计的不利影响（图2）。南昌绿地洲际酒店则与外部造型结合做了内凹处理，有效减少因缩小核心筒形成的过大客房进深（图3）。

酒店策划阶段，业主和酒店管理公司会根据酒店区位、定位、预期入住价格等因素对客房的数量、单间客房面积提出要求，作为建筑设计基础条件。不同酒店管理公司对单间客房的面积有不同的标准，例如希尔顿酒店品牌标准中规定在亚太地区的大床客房净面积至少为36 m²，双床客房净面积至少为38 m²，世茂集团《酒店产品标准化》中要求五星级酒店客房单元面积为38～42 m²。

综合造价和客房布局的因素，超高层综合体中的商务五星级酒店每客房净面积在40 m²左右比较合理。受到超高层建筑柱网排布的影响，酒店客房开间在4.5 m左右居多，进深方向则要注意去掉卫生间占用深度后是否还有足够布置双床的空间。

2. 酒店大堂（表5）

酒店大堂是客人对酒店的第一印象，展示酒店的整体设计风格和酒店档次，一般布置有前台、大堂酒廊、客人休息区等，前台宜布置在酒店入口至酒店客用电梯之间的合适位置，非入口的视觉焦点，但建议酒店客人进入大堂时视线能及。不同于纯酒店建筑，超高层综合体中的五星级酒店通常设置空中大堂，其平面布局往往在塔楼1～2个标准层内解决，具有集约、紧凑的特点。长沙世茂希尔顿酒店和南昌绿地洲际酒店的大堂都在塔楼的三十九层，客人通过

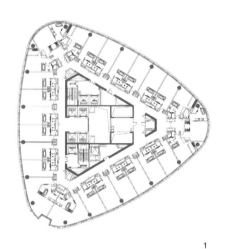

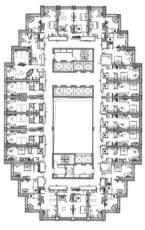

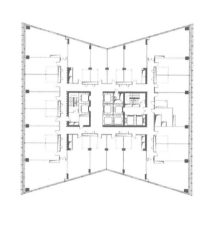

1　　　　　　　　　　　　2　　　　　　　　　　　　3

表5　样本案例大堂面积与层高比较

主要指标	长沙世茂 希尔顿酒店	上海华敏 帝豪酒店	南昌绿地 洲际酒店
大堂层（区）面积/m²	1 860	1 504	2 000
位置	39层	1层	39层
层高/m	7.5	6+4.45	7.785

表6　样本案例餐饮区指标比较

主要指标	长沙世茂 希尔顿酒店	上海华敏 帝豪酒店	南昌绿地 洲际酒店
餐厅数量	5	4	4
餐饮区容量/人	527	690	440
每房间人均餐位数/（个/间）	1.63	1.28	1.57
餐饮区面积/m²	3 044	4 587	3 400
餐饮区总建筑面积占比/%	6	5.9	7.7
餐饮区层高/m	5.4	6/4.5/9.15	5.425/7.35/7.785
中餐厅面积/m²	823	725	1 283
中餐包房总数	9	10	7
全日制餐厅面积/m²	460	932.5	657
酒吧/茶吧面积/m²	170/82	350	–
特色餐厅面积/m²	215	350	282
大堂酒廊面积/m²	170	251	280

表7　样本案例宴会厅指标比较

主要指标	长沙世茂 希尔顿酒店	上海华敏 帝豪酒店	南昌绿地 洲际酒店
宴会厅面积/m²	900	1 358	777
前厅面积/m²	607	481	309
宴会厅尺寸	20.25 m × 40.15 m	30.65 m × 44.15 m	22.45 m × 34.60 m
可分隔数量	3	5	3
宴会厅层高/m	8.90	9.05	10
贵宾房/新娘房面积/m²	30/20	69/27	94
厨房面积/m²	260	446	236

表9　样本案例后勤区指标比较

主要指标	长沙世茂 希尔顿酒店	上海华敏 帝豪酒店	南昌绿地 洲际酒店
后勤区域面积/m²	9 597	8 500	5 687
后勤区层高/m	4～6	3.5～5.5	6.15
卸货区面积/m²	329	343	400
卸货车位/个	2	3	2
卸货车位尺寸	3 m × 9 m	4 m × 9 m	3.5 m × 10 m
货运坡道宽×高	5 000 mm × 3 800 mm	6 100 mm × 3 400 mm	8 150 mm × 4 200 mm

表8　样本案例会议区指标比较

主要指标	长沙世茂 希尔顿酒店	上海华敏 帝豪酒店	南昌绿地 洲际酒店
会议室面积/m²	556	650	600
会议室前厅面积/m²	434	237.8	680
会议区层高/m	5.4	4.45/8.55	5
会议室/间	6	4	8
最大会议室容纳席位	78	180	60

穿梭电梯到达酒店大堂。从建筑设计的角度来说，大堂的面积和高度以及合理的流线是设计的关键点，超高层建筑中酒店的空中大堂层高相对标准层变化较大，也为结构设计带来难度。

　　3. 餐饮区（表6）

　　商务五星级酒店为商务旅行提供全面服务，餐饮设施是其重要盈利设施之一，每个酒店都要求按区位进行市场分析以评估不同的因素，继而发展出餐饮的规划要求，根据酒店的规模和定位选择设置大堂酒廊、全日制餐厅、中餐厅、特色餐厅和主题酒吧。餐厅与酒廊的设计宜能提供独特与富有想象力的用餐体验，而且能与市场上同类餐厅竞争。长沙世茂希尔顿酒店在三层设置中餐厅和特色餐厅，三十九层空中大堂设置大堂酒廊、大堂吧和全日制餐厅。南昌绿地洲际酒店的餐饮区位于靠近大堂的三十九层、四十层和靠近塔楼顶部的五十六层。

1　长沙世茂希尔顿酒店标准层
2　上海华敏帝豪酒店标准层
3　南昌绿地洲际酒店标准层

4. 宴会厅（表7）

超高层综合体中五星级酒店的宴会厅因面积较大，常常布置在布局相对灵活的裙房的上层。《希尔顿酒店品牌标准》要求宴会厅至少可以分成3个厅，长度不得超过宽度的2倍。此要求目的是保证宴会厅多功能使用的合理性。长沙世茂希尔顿酒店在裙房四层设置面积约900 m²的宴会厅。

5. 会议区（表8）

会议区宜靠近宴会厅布置，以增加使用的灵活性和便捷性，相对于纯酒店建筑来说，超高层综合体中的五星级酒店会议区常常占用一个标准层的区域布置。三座酒店的会议区都和宴会厅同层布置在塔楼内，长沙世茂希尔顿酒店会议区和宴会厅位于四层，通过连廊进行联系。

6. 后勤区（表9）

超高层综合体功能多样，地下室的流线也比较复杂，需留意运输流线与服务人员流线的区分。酒店的后勤区需要和酒店的其他区域联系，一般布置在核心筒周围。

《希尔顿酒店品牌标准》中规定亚太地区卸货区至少有两个装卸车位。供货运的坡道的净高要考虑酒店服务货车的高度。长沙世茂希尔顿酒店地下层主要有卸货区、酒店主厨房、职工餐厅、职工更衣洗浴室、酒店后勤用房、自行车库、汽车停放、设备机房和库房等。酒店后勤人员经后勤楼梯到达地下二层后勤用房，经更衣、化妆后乘服务电梯到达各层。中心厨房的食品经货梯到达酒店各层厨房。各层的垃圾经另一货梯到达地下一层的垃圾房运出地下室。

结语

本文通过对超高层综合体中的商务五星级酒店建筑设计的部分关键数据进行统计列表并做简略要点归纳，可以作为类似项目的经验总结，希望能为超高层综合体中的商务五星级酒店建筑策划设计提供一些参考。

注：本文各面积分类列表根据华东建筑设计研究总院建筑设计布局图纸统计计算，最终数据以日后酒店管理公司进场后确认的数据为准。

THE OPERATION AND MANAGEMENT OF BOUTIQUE HOTELS
精品酒店的运营与管理

赵焕焱 | Zhao Huanyan

2015年伊始，有两家酒店品牌得到了资本市场的青睐。

2015年1月23日，花间堂获国泰君安申易基金投资。花间堂诞生于2009年，截至2015年，旗下已经在丽江、束河、香格里拉、阆中、苏州、杭州、周庄、湖州、安吉、无锡等地有15家门店近400间客房。

2015年1月19日，亚朵酒店宣布完成新一轮3 000万美元的融资，此轮融资后公司估值达到10亿元人民币。亚朵创建于2012年底，第一家亚朵酒店于2013年8月在西安南门商业区开业。亚朵的创业团队成员分为三部分，背景分别是酒店、文化和互联网。其中酒店背景的员工主要是来自汉庭、如家的创业团队成员，其中CEO王海军（耶律胤）曾经担任华住酒店副总裁。亚朵酒店与上海三联书店战略合作开设了中国酒店业首个24小时免费阅读空间，并提供免费的咖啡、柠檬茶等自助饮料，第一家阅读空间已经在上海文定路店开设，面积约100 m²。

回顾2014年2月18日，电视购物企业橡果国际（ATV.NYSE）创始人兼董事会主席Robert Roche与合作伙伴于2013年5月联合创办的凯诗帝酒店集团（CHG）全资收购上海JIA精品酒店，对其重新装修并改为凯诗帝精品酒店，三楼改造成目的地酒吧，凯诗帝还将在中国区连锁扩张酒店。此次收购为现金交易，但凯诗帝拒绝透露具体金额。

上海JIA精品酒店（图1）位于上海石门一路、南京西路交界处，原本是一幢20世纪30年代风情的经典建筑，8年前由香港酒店集团JIA入驻并将其投资改建成个性化精品酒店，当时定位约200美元一晚。上海JIA酒店着意营造"家"的感觉，设在二楼的大堂提供免费的点心和饮料，让人感到像在家一样随意和方便，这家酒店意大利餐厅的比萨饼据说是上海唯一用柴火烘制出来的，味道特别好。而一般宾馆客房里司空见惯的"请勿打扫"的挂牌以及电视机旁放置的便签设计都别出心裁，令人赏心悦目。

上海雅悦酒店（URBN Hotels）于2008年开业，坐落在胶州路上，在南京路北面，由Scott Barrack和Jules Kwan构思，渴望带给来上海的游客独特的都市体验，并体现了融入中国文化的创新当代设计（图2）。除了碳中性，雅悦酒店也致力于开发和经营绿色酒店。使用100%本地回收的材料，如回收的木材、老上海砖，对现有的结构进行改造，并引进对生态友好的解决方案，如太阳能天窗。雅悦酒店前身是邮局，设计师在电梯轿厢内将邮政编码图作为装饰张挂，巧妙地揭示了酒店的来历，客房的房号也别致地嵌在门口地板上。酒店的室内设计尽可能回收再利用，采用本地搜寻来的旧地板、旧墙砖装饰地面和墙面（图3）。前台的背景墙是由旧行李箱拼接而成的，既体现了崇尚环保的理念，又散发出浓郁的老上海气息。客房写字椅用废纸制作，沙发靠垫用手工缝制，客房窗外的晾衣竿是特意搜寻来的旧毛竹，让中老年客人回忆起旧时居家晾衣的情形。雅悦酒店会为入住5次以上的客人送上绣有其姓名的浴袍，让人备感惊喜和温馨。酒店的延伸服务也特别值得称道，客房内放置了精美的服务指南，学汉语、学烧中国菜、学打太极拳等学习项目十分丰富，另外还有趣味项目、体验项目，如徒步或自行车游上海、时尚资讯等，满足客人深度体验上海都市风情的需求。

我认为精品酒店的三个基本特点是客房规模小，房价高，具

1　　　　　　　　　　　　　2　　　　　　　　　　　　　3

1 上海JIA精品酒店（图片来源：互联网）

2 上海雅悦酒店（图片来源：互联网）

3 上海雅悦酒店室内（图片来源：互联网）

有特色主题。

精品酒店自2008年开始在中国的客房量每年都以30%以上的幅度增长，当下酒店开发商的报告中有65%的结论是建小型精品酒店。中国新投资酒店的精品酒店热不亚于十年前的美国。美国的数据统计显示，2003年精品酒店的客房占总比1%、收入占总比3%，6～8年收回投资（高端酒店需要10～15年）；2011年精品酒店客房占总比5%、收入占总比8%，相对优势已经比2003年下降47%[1]。

精品酒店起源于20世纪70年代的欧洲，最早的精品酒店房间数可能是少于100，在美国兴起之后房间数基本维持在200左右。如果房间数很少，很难平衡现金流，所以房价定位较高。朗廷管理的上海88新天地会所和凯宾斯基管理的北京长城脚下的公社均于2002年正式营业。悦榕庄、香樟华萍（kayumanis，印尼）、安缦分别于2005年、2007年、2008年相继进入中国。中国大多数的精品酒店突出特色水疗或温泉设施，更多的是突出特色餐厅。比较高端酒店与精品酒店，杭州四季酒店平均房价为4 000元人民币，杭州法云安缦酒店平均房价为5 600元人民币，入住率分别在70%和30%左右。安缦有42间客房、套房和别墅，最低房价4 725元人民币。

2010～2015年，国内市场上精品酒店营业收入年平均增长率在10%～15%。隐居集团总投资8 500万元人民币，在杭州开设有6间酒店，扬州、丽江、三亚、黄山、成都、宁波等地的酒店也将陆续开业，风投给出近8亿元人民币的市场估值，首轮私募即达到1.5亿元人民币。北京皇家客栈、花间堂、墨林阁、苏州书香系列，都有非常良好的财务数据，盈利水平（GOP比率）在15%甚至更高，这些新兴的精品酒店，非常快速地在市场拓展，源于其良好的财务表现。悦榕庄、安缦等业主单位经营比较困难，叫好

不叫座，大部分利润被品牌拥有者占据。

酒店业最常见的盈利模式主要有5种：经营增长盈利模式、物业增值盈利模式、资本运营盈利模式、品牌盈利模式和文化创新盈利模式。当精品酒店经营现金流无法全面覆盖经营成本时，应纳入项目"营销费用"来消化。这样的目的不是为了减轻运营管理者的管理和经营压力，而是为了避免急功近利、杀鸡取卵的短期经营行为。另外还需特别关注收益面积（与盈利水平有关）、公共面积（与品质有关）、后台面积（与运行成本有关）之间的关系。客房收入约占总收入的75%，这和传统商务酒店客房收入一般占总比50%～65%有所不同。客房平均数为70间，其中套房占比明显高于高星级商务酒店，达到26%以上，有的甚至达到40%。餐饮收入占总收入的20%以内。精品酒店客房面积与会议设施面积比在2.7:1至3.4:1之间（高星级商务酒店在5.5:1左右）。精品酒店服务人员与客房的比率较高，平均达到3.2:1。富春山居和法云安缦的服务人员与客房的数量按5:1至7:1配置，西溪悦榕庄虽然约为2.2:1，但该酒店工程部仅做店内设施设备的运行，维护和保养交与业主（西溪湿地开发公司），而法云安缦和西溪悦榕庄的景区及公共空间保洁是由业主或市政完成。

从运营模式来看，柏联、安缦在中国的两家店是资本运营的极好案例。柏联和安缦高附加值的品牌效应，成为业主进行企业融资和向市场拿地很好的"幌子"。资本运营，前提是有足够的品牌支撑和一定的规模，这也诠释了为什么精品酒店大多先做品牌后做产品。

从经营项目来看，西溪悦榕庄推出西溪湿地摆渡（297元人民币/人，1.5～2小时，含导游费、下午茶等）、草坪露营野餐会（1 288元人民币，容纳20人左右）、草坪婚礼（租金2.1万元人民币起，300 m²场地，悦榕永恒婚礼和北京婚庆机构合作）等项

4   5   6

目。安缦SPA项目运营相对较好，平均每月收入在15万元人民币左右（不含能耗），基本持平，而其他酒店SPA项目都是亏损经营，只能将亏损转嫁于客房高房费中。高房价溢价率是评估精品酒店房费是否合理的一个非常重要的指标。

从营销模式来看，悦榕庄、安缦、富春山居和柏联都与香港GHC（嘉希传讯，亚洲著名公关顾问公司）有合作，将产品和品牌信息通过专业的公关渠道传递到金字塔顶尖的客户。另外，这几家精品酒店都加入了LHW（The Leading Hotels of the World）组织，费用虽然很高，但通过他们严格的行业检测标准，能迅速提升自己的品质和服务水准。如富春山居，加入LHW第一年，神秘访客评分才30多分，但通过他们的标准和培训体系，次年就达到了90多分，且一直保持。而悦榕庄和柏联，通过加入LHW迅速扩大在业界的知名度，通过品牌输出和服务，带来了大量的地产性收益。

福建漳州美伦山庄张文成总经理提供对比数据，美伦山庄自2012年开业以来平均每月营业收入递增14%左右，同期对比也有15%左右的增长率；2014年7月营业收入达到100万元人民币，是历史新高，比6月份增长43%；10月创纪录地达到147万元人民币，当月GOP实现正数。漳州美伦山庄2014年平均房价800多元人民币，较2013年已经有了近300元人民币的提升，在可查阅的厦门五星级酒店中也是前5位的，房价溢价率为120%，但还是低于知名度较高的精品酒店（140%～170%）。

中国平均房价5 000元人民币以上的酒店几乎全部是精品酒店；平均房价3 000～5 000元人民币的酒店中精品酒店占33%；平均房价2 000～3 000元人民币的酒店中精品酒店占27%；平均房价1 000～2 000元人民币的酒店中精品酒店占10%[2]。超过50%的精品酒店是由历史文化旧址改建，或者带有奢侈品元素。精品

酒店区别于传统高端商务酒店"千店一面"的模式，每家酒店都极具个性化。在高端商务酒店数量过剩的情况下，真正注重体验的奢华型酒店将引发酒店投资的新热潮。精品酒店在硬件上更加个性化并具有地方特色，甚至更多地运用了酒店新技术；酒店规模强调小而精致，客房数量不多，但内部装修极其豪华，独具特色；酒店服务更加趋向定制化，普遍采用的是管家式服务，服务人员与客房的比例一般为3:1，甚至4:1，而在星级商务酒店，这个数字通常是1:1，最多是2:1。

2007年4月中旬，由黄金荣公馆改造的首席公馆试营业，共30多间客房，客房定价分别为385美元/晚、510美元/晚和660美元/晚。这栋位于上海新乐路的建筑始建于1932年，曾经是黄金荣、杜月笙和金廷荪等人合股成立的三鑫公司办公地点，外资全资的华典精品酒店投资国际有限公司接手并投资，酒店内有超过300件具有百年历史的展品。2007年4月中旬，上海天禧嘉福璞缇客酒店（图4）落户虹桥古北商业开发区，有224间客房，酒店有展览玉器800多件。酒店用大量古董和艺术品来做室内装饰，酒店正门的明代大宅门是从山西整体移入酒店的，石狮和石马也都是元代和汉代的。这是上海第一家全部客房提供管家式服务的酒店（瑞吉红塔大酒店行政楼层以上才提供管家服务），客人与服务人员的比例是1:4至1:3。上海外滩英迪格酒店着力渲染本土文化、邻里文化氛围，大堂设计充满了上海十六铺码头元素，总台背景墙是以江水为造型的木质雕塑，上海江轮的船身断片嵌入了墙面。思南公寓酒店（图5）由15幢独立花园别墅构成，保持了20世纪二三十年代上海外来建筑文化全盛时期的外观：红瓦屋顶、赭色百叶窗以及卵石饰面的外墙。贝氏大公馆是著名建筑师贝聿铭家族的老宅，旧上海遗韵触目可见，螺旋而上的楼梯用大理石雕刻成双龙盘旋，龙尾直指天花板，龙头聚首在底层，颇具贵族气

4 上海天禧嘉福璞缇客酒店(图片来源：互联网)

5 上海思南公寓酒店（图片来源：互联网）

6 上海绅公馆（图片来源：互联网）

息。璞丽酒店致力于打造城市度假酒店，大堂地砖采用的是同故宫一样的"金砖"，客房内的桌面采用的是砚台石材。上海外滩悦榕庄是悦榕庄品牌的首家都市度假酒店，将通常的大堂打造成"客厅"，创导家庭式、管家式服务。上海绅公馆（图6）藏身于华山路和江苏路交界的一条小巷中，是20世纪初建成的花园住宅区的一部分。88新天地会所隐藏在一幢现代建筑里，不留神很容易错过。联艺凯文公寓的入口则是由衡山路上的小弄口进入，低调而不张扬。客房里的巨幅老上海街景图片、大量怀旧的物件摆设，呈现出20世纪30年代的意境。

2007年4月18日，雅高在上海复兴公园的璞邸酒店开业，52间客房分为豪华房、商务房、套房等5种类型，单晚房价4 680～14 000元人民币；最小的客房50 m²，每层都有一个由3或4位员工组成的服务小组，提供准管家式服务。上海璞邸酒店重视客户档案管理，将入住3次以上的客人列入VIP名单，总经理亲自迎候。酒店还重视通过培训和奖赏机制来激励一线员工为宾客提供个性化服务，总经理经常在公共区域巡视，主动与客人打招呼。

在酒店业总体上供大于求的背景下，也出现了将传统酒店改造为精品酒店的案例，2012年12月24日，由新华信托股份有限公司和中邦置业集团有限公司共同出资组建的大普基金宣布，中邦集团和新沪商集团联合收购了2008年开业的上海中凯城市之光剩余物业及两栋大楼资产，总价近13亿元人民币，并将上海中凯豪生酒店打造成中邦精品艺术酒店，剩余2万多平方米的存量房则改造为成套国际公寓，作为二手房出售。

精品酒店的出现是顺应时代发展的趋势。美国著名未来学家托夫勒在20世纪80年代发表的《第三次浪潮》中曾预言，工业化时代的规模经营将被信息化时代的多样化、多元化、个性化取代。在酒店业，设计师酒店、奢侈品牌酒店、精品酒店、主题酒店层出不穷与之呼应。而对于精品酒店在中国的进一步发展依然值得我们继续关注。

注释

①数据来源于美国酒店业协会(AH&LA)官网http://www.ahla.com/。
②房价分布数据是作者根据可以搜索到的数据进行抽样调查得出。

THE DESIGN FEATURES OF HOTEL'S BACKSTAGE AREA
酒店后台区建筑设计要点

杜松 I Du Song

酒店可以被看作一个运转的生命体，各功能区之间以酒店的运营机制为骨架，以流线为经络血脉，组合成有机的整体，而后台区则是为酒店的整体运转提供能源动力和后勤保障。不同品牌的酒店设计标准各异，但内在规律和要点是一致的，建筑师应该也必须掌握功能区的内在关系和布局、流线属性和组织、专业技术要点与建造标准。

一、酒店后台区概述

酒店内各处后勤服务空间相对于客人可以到达的区域（面客区），统称为后台区。后台区与面客区应联系紧密，布局便于互动（图1）。每一个面客功能空间的设置都应考虑其服务、配送通道路径。同理，后台区的布局应保证全面、便捷的服务，有效支持功能区的需求。

后台区主要由后勤管理办公区、库房区、厨房操作区、机电设备机房区四大功能区构成。设置的主要用房通常包括行政办公区、人力资源部与员工区、客房部与洗衣房、工程部与机电机房区、货物区、厨房区。各区块部门之间存在以功能关联为内因的相对固定的位置关系（图2）。后台区面积占酒店总建筑面积的15%~22%，主要功能用房分类及面积参考指标见表1。

后台区流线设计较复杂，包括员工上下班流线、厨房进出货

表1 后台区主要功能用房分类及面积参考指标

功能用房分类		面积参考指标
行政办公区		约占总建筑面积的1%，1.15 m²/间
人力资源部与员工区		约占总建筑面积的3%，3.5 m²/间
客房部与洗衣房	布草（棉织品）库	0.20~0.45 m²/间
	洗衣房	0.65 m²/间
	客房部	0.2 m²/间
工程部与机电机房区	工程部	0.50~0.55 m²/间
	机电机房区	占总建筑面积的5.5%~6.5%
货物区	卸货区	0.15 m²/间
	垃圾处理室	0.07~0.15 m²/间
	总库房	0.20~0.40 m²/间
厨房区	厨房	0.5~1.0 m²/座
	食品库房	0.37 m²/间

表2 行政办公区主要功能用房

部门类别		用房构成参考
前台办公		前台、前台工作区、传真复印室、电脑房、前台经理、预订部、记账室、出纳、贵重物品保管间
行政办公	市场营销部	营销办公室、餐饮总监办公室、市场总监办公室、销售总监办公室、宴会会议经理办公室、接待区、茶水间、储藏室
	总经理办公	总经理办公室、运营总监办公室、会议室、行政办公室
	财务部	财务办公室、财务总监、财务副总监、文件存储

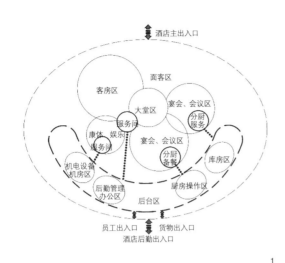

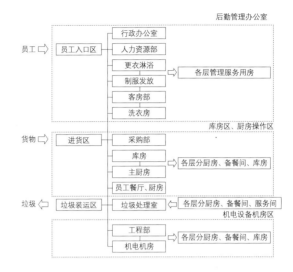

1

2

3

注：公共关系部部长、总经理等工位在酒店中可能没有具体房间，因此图中均采用职位代替。

4

1 酒店后台区与面客区关系
图解
2 酒店后台功能区关系图解
3 酒店后台区行政办公区功
能与流线图解
4 酒店后台区人力资源部与
员工区功能与流线图解

和送餐流线、垃圾清运流线、洗衣房流线等。流线设计必须合理、便捷、清晰，满足酒店管理的标准和使用要求，同时应充分考虑后台区与面客区各功能用房的衔接，应秉承客人流线与服务流线不交叉、不共用的原则。

酒店多采用集中设置主后台区、在各楼层和功能区再分设服务用房的布局。主后台区位置应在主负荷区的周边或下方，以利缩短服务、配送流线。主后台区对外应有独立、便捷、隐蔽的通路联系。

二、行政办公区

行政办公区是酒店的"大脑"，由前台办公、行政办公、财

务部三大功能构成，其中行政办公包含总经理办公和市场营销部。行政办公区一般采用集中式办公，位置应靠近酒店前台，通常情况下可围绕酒店前台周边或上、下楼层设置，其主要功能用房与流线见表2，图3。

前台办公用房设置于酒店的大堂区，其与行政办公用房必须保持便捷、密切的联系，通常会设专门的通道或楼（电）梯进行联系。市场营销部的销售、宴会办公室也可单独设置在酒店主要销售、餐饮活动空间周边。某些酒店会将通信中心（电话总机房话务室）放在行政办公区内，利于销售、客房呼叫等服务的提供。

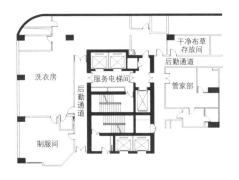

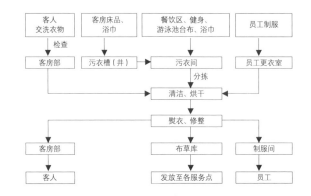

5

6

表3　员工人数测算系数表

酒店档次	参考系数
五星级以上酒店	2.0～4.0
五星级酒店	1.2～1.6
四星级酒店	0.8～1.0
会议型酒店	1.0～1.2
公寓式酒店	0.3～0.5
小型旅馆	0.10～0.25

注：性别比例为6（男）：4（女）。

表4　人力资源部与员工区用房面积参考指标

功能用房	参考指标 /（m²/间）	其他
男更衣淋浴	0.14～0.19	每1.5间客房配备1个储物柜，按6（男）：4（女）的
女更衣淋浴	0.14～0.23	比例分配；更衣和浴厕的面积比为1：(0.025～0.400)
员工餐厅	0.17～0.18	餐厅面积=（0.9 m²×员工数×70%）÷3 座位数=客房数÷3
人力资源办公室	0.14～0.23	
保安、考勤	0.03～0.05	

表5　员工宿舍参考指标

员工等级	人均指标
酒店高级管理人员	一人两间（套房）
酒店中级管理人员	一人一间
管理人员	两人一间
普通员工	4～6人一间

注：酒店中高级管理人员宿舍应配备独立卫生间，普通管理人员和普通员工可设置集中盥洗间。

表6　库房类型及参考指标

库房类型	内容及参考指标
总库房	家具库（0.2～0.3 m²/间），大库房（0.2～0.4 m²/间），玻璃、瓷器、银具库（0.1 m²/间）
分散库房	厨房食品、酒水储藏间，织品库，管理档案库
宴会家具库房	应靠近服务功能区，库房面积为服务面积的15%～20%
其他库房	工程部库房等

三、人力资源部与员工区

人力资源部与员工区面积较大、位置重要，对酒店后台区布局影响较大。该区域对外应连通员工出入口，对内应靠近酒店上下楼层主要后勤交通通道。平面布局应整体考虑，注意与洗衣房、客房部、交通简紧密关联（图4）。办公用房面积和员工生活用房面积因酒店星级而有所差别，应参考酒店管理公司的标准。出于行政管理的需要，人力资源部通常与员工区共设。

员工区主要构成包括入口区、更衣淋浴区、制服间、员工餐厅和员工餐厅厨房、员工活动室（归人力资源部管理范畴）。酒店员工人数依酒店性质和星级而有不同标准（员工总人数 = 客房

数×系数）（表3）。标准酒店配置还包括医疗室，为员工和客人提供紧急医疗服务，设计上应配置供排水点位和男女共用卫生间。人力资源部是为员工服务、职业测评、面试、相关人力管理的部门，包括面试室、办公室、培训教室。

员工入口与后台区货物入口最好分开设置，当共用同一出入口时，员工的进出不应对卸货平台的活动造成干扰。入口附近应设考勤点。员工更衣淋浴区应尽量靠近员工出入口处，包含员工私人物品存放、更衣和淋浴、卫生间等用房。更衣室的设计应确保不必通过淋浴区即可到达，并考虑视线遮挡。卫生间要满足从员工通道直接进入，不允许穿过更衣间到达。员工就餐实行倒班

5　某酒店客房部平面图
6　酒店后台区洗衣流程图解

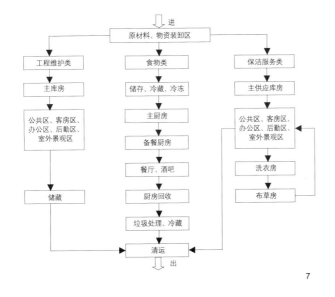

7

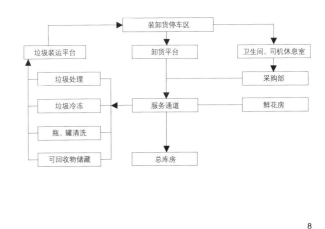

8

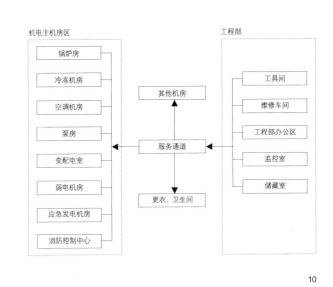

9

10

7 酒店后台区货物流程图解
8 酒店后台区货物、垃圾装卸流程图解
9 酒店后台区厨房货物食品供应流程图解
10 酒店后台区工程部与机电机房区关系图解

制。该区功能用房面积参考指标见表4。

通常酒店内都会设置员工倒班宿舍（员工宿舍用房较小，故没有在图解与列表中体现）。倒班宿舍面积不用很大，20 m²左右即可。离城市较远或位置比较偏僻的酒店通常会将员工宿舍、员工餐厅和员工餐厅厨房、培训教室等用房另外选址兴建专门的员工综合生活区。员工住宿标准依酒店管理公司规定执行，参考指标见表5。按照国际通行做法，酒店管理集团委派的总经理住房通常会将酒店3~4间标准间改为套房使用，内部配置厨房。

四、客房部与洗衣房

1. 客房部

客房部又称管家部，作为酒店主要业务部门之一，负责客房打扫、清洁和铺设、保养等工作，并提供洗衣熨衣、客房设备故障排除等服务；供应配置各种用品，为住客提供各种服务以创造一个清洁、美观、舒适、安全的理想住宿环境；同时还要负责整个酒店公共区的清洁保养与环境管理工作。

在布局上，客房部应与洗衣房、布草房、制服间相邻（图5）。在流线组织上，客房部必须靠近客房所服务的空间和服务电梯。在布草间、制服间附近应留有一定空间，避免排队等候的员工影响服务通道交通。

小型假酒店与采用分散式客房布局的酒店客房部一般采用集中式管家服务与布草管理。大中型酒店采用非集中式管理，在各客房层或隔层设服务间，服务间应与服务电梯、电梯间统一布局，应避免必须穿过客用走廊才能从服务间进入服务电梯间的情况。

2. 洗衣房

（1）洗衣房

洗衣房一般由污衣间、水洗区、烘干区、熨烫、折叠、制服储存和分发、服务总监办公室和空气压缩机加热设备间构成（图6）。一些城市酒店不设洗衣房或只设简易洗衣机，采取外包清洗方式。

在设计中应注意，洗衣房的位置必须贴邻或靠近酒店服务电梯和污衣井（图7）。洗衣房不应布置在宴会厅、会议室、餐厅、休息室等房间的上下方，应做好设备的减震降噪、房间的隔音和吸声处理。洗衣房门应为双开隔音门，每扇门宽1.2 m。

洗衣房应有良好的通风排气，因为洗衣过程中会使用洗涤剂、去污剂等含有气味或有毒化学品。洗衣房地面应做250～300 mm降板处理，设置有效的排水设施（明沟或地漏）；洗衣房净高不低于3 m；外露柱子和墙壁的阳角应做橡胶或金属护角；洗衣房应设有蒸汽来源。

（2）布草房

布草房是临时储存清洁布草并放置客房布草手推车的房间，应紧靠洗衣房。室内要求温暖、干燥，气流组织应朝向洗衣房方向。布草房内应考虑纺织品的分类、储藏、修补、盘点以及发放床单、桌布和制服等所需要的空间。

（3）污衣间、污衣井

污衣间是将面客区收集来的脏污布草进行整理分类后送往洗衣房的必要房间，应是相对独立、封闭的区域或房间，贴邻洗衣房洗涤区。

污衣井应位于污衣间和各层服务间内，安放于土建防火井道内，是通过管道在楼层间传递脏污布草。污衣井井道一般为不锈钢材质，内壁光滑无明露固定件，垂直运行。井道横截面通常规格为直径0.55 m或0.60 m的圆形及0.60 m×0.60 m或0.65 m×0.65 m的方形。污衣井每层设防火投物门，尺寸原则上小于井道直径或边长0.05 m，以45°与主井道连接。污衣井底部出口处应设不锈钢自动防火排物门，门上设置熔点为70℃的熔锁片。

五、后台货物区

后台货物区包括装卸货平台、收发与采购部、库房三个紧密联系的部分，还包括垃圾处理区（图7，图8）。

1. 装卸货区

装卸货区位置应避免出现在公共视线中，设计应做到有效遮挡。停车区要至少容纳两辆卡车同时装卸货物。酒店大于500间客房规模时要保证有一个货车位、一个集装箱车位和一个垃圾压缩车位。装卸货区要设司机休息室和厕所，要提供给水、排水、电源接口以便冲洗清洁，地面应有适当坡度。

卸货平台应比装卸货停车区地坪高0.8～0.9 m。平台两侧应分别设置台阶和坡道，便于人行和小件货物的搬用。平台深度不小于3 m，应与库房地面同标高。

收发与采购部位于装卸货区内，面积不小于20 m²，包括办公室、经理办公室。

酒店应单独设置垃圾处理室和垃圾清运平台，并应与卸货平台有效分隔开，确保洁污分流，同时必须满足卫生防疫要求。垃圾处理室包含垃圾冷库、可回收物储藏室、洗罐区，洗罐区须配备冷热水源、排水和电源接口。

2. 库房区

酒店需要大面积的库房，分为总库房、分散库房、宴会家具库房等，且有明确的功能分配（表6）。

六、厨房

1. 厨房构成

大型酒店除主厨房外，还会为宴会厅、全日制餐厅、中餐厅、特色餐厅等餐饮空间配置分厨房或备餐间。

厨房一般分成储藏区、准备区、制作区、送餐服务区（备餐间）和洗涤区。主厨房亦称中央厨房或粗加工厨房，集中将各类原材料粗加工成半成品，提供给各分厨房和配餐间使用，同时还承担面包糕点的制作，须配备主厨办公室和存放食品、酒水、餐具、桌布等的库房、橱柜（食品及饮料储藏空间一般占厨房总面积的25%）。厨房货物食品供应流线见图9。

厨房面积与餐厅的种类、用餐人数、用餐时段有关，一般不小于餐厅面积的35%。某些特色餐厅会采用开敞厨房（明档）的设计（如日式餐厅、面食档），展示部分烹饪过程，彰显饮食文化艺术。开敞厨房应格外注意排油烟设施的布置，避免油烟窜入客人就餐区。在厨房区适当位置设职工卫生间、更衣间和厨师长办公室。

2. 厨房位置

厨房尽量避免布置在酒店中心部位，而应设于邻外墙位置，便于货物进出和通风换气。厨房与餐厅同层布置时应联系紧密，传菜便捷，不应与客人流线交叉；厨房与就餐区上下层布局时，可将粗加工布置在下层，上层设置分厨房，并应配备专门的餐梯和垃圾梯供传菜和收纳垃圾使用。大型餐厅或宴会厅的厨房最好同侧设置，并在餐厅一侧设置备餐廊或送餐通道，避免餐厅内送餐路线过长干扰就餐，同时便于就餐区灵活分隔使用。

厨房与餐厅连接尽量做到出入口分设，使送菜与收盘通道分离，避免厨房气味等窜入餐厅。避免生食与熟食、干食与湿食、净食与污物的流线交叉混杂，满足食品卫生防疫要求。同时出入口应适当遮挡，避免视线干扰。

3. 技术要点

厨房的内部工艺流程设计大多由专业厨具公司完成，建筑师应对土建预留条件做到充分考虑。

厨房净高不宜低于2.8 m，隔墙不宜低于2.0 m，对外通道上的门宽不小于1.1 m，高度不低于2.2 m，其他分隔门宽度不小于0.9 m，厨房内部通道宽度不得小于1.0 m。通道上应避免设台阶。

厨房楼地面应做结构下沉处理，下沉300～400 mm，做排水沟或地漏。排水沟净尺寸宽度不宜小于250 mm，深度不宜小于

200 mm，尽量环绕避免死角，沟内做1%坡度接地漏。地面排水坡度2%～3%。点心制作间、面包房、冷盘间采用地漏排水，不应采用明沟形式。

所有柱、墙阳角均应做金属或橡胶护角，高度1.5～2 m。墙踢脚必须带卫生圆角。

厨房地面应采用防滑、耐磨、耐腐蚀、易清洗材料，地面应做好防水，侧墙做好防潮处理。

大型冷藏库和冷冻库多为预制的、全金属包覆的分区型设计，便于现场拼装和更换位置。大型冷冻库和冷藏库的地面应预留200 mm用于保温和构造处理。装配完成后，主厨房地面应与冷库地面平齐以便台车进出。干货库房应做排风处理。

七、工程部与机电机房区

酒店工程部由工程部办公区、维修车间等构成。工程部应紧邻机电主机房区，便于日常维护和管理。办公区包括工程总监室、工程专业人员工作区、图档资料室等；维修车间包括木工间、机电间、管修间、建修间、园艺间和库房等，其中油漆、电焊工作间在操作过程中会产生有毒有害气体，应做专门的排风设施，加强滤毒和防火措施。在度假酒店中，还需在室外设置小型苗圃区。

机电机房区与其他类型的商业公建没有大的区别，同样包括泵房、冷冻机房、锅炉房、应急发电机房、空调机房和变配电间以及消防控制中心等（图10）。

机电机房区应集中布局，靠近负荷中心。在酒店设计中要特别关注各类泵房和机房的隔音、减噪处理，避免或减少对公共区的影响。酒店星级越高，设计标准越苛刻。在机房和机电设备系统设计中要充分考虑客人使用感受，要比其他公建设计更加关注细节、人性化和舒适度。

结论

人们对于一个酒店的评价或印象，除了对酒店的外观形象、硬件设施的直观感受，更多基于对酒店服务模式、标准、理念的切身体验，而后者更能深远影响客人对酒店品质的定位及其市场口碑，进而影响酒店的市场经营和利润效益。因此，酒店的功能配置和设施标准是否合理、人性化，是否考虑到了客人的不同需要，对于酒店的品质至关重要。好的酒店，其内外部空间从大的功能布局架构到细节的楼梯扶手、卫生间地漏都会进行系统的设计。正如开篇所说，酒店好像一个有机体，其内部的各个系统必须健康、有序地组织在一起，构成一个整体联动的大系统，每个部位都不能出现问题。建筑师像是医生，需要掌握每个器官的运行规律，才可能做到游刃有余，在保证功能需求的基础上尽情发挥。

ANALYSES ON STRATEGIES OF FIRE PREVENTION DESIGN OF HOTEL ATRIUMS
酒店中庭防火设计策略分析

王怡匀 | Wang Yiyun

酒店的"中庭"概念由来已久。希腊人很早就在旅馆中使用露天庭院（天井），后来罗马人又加以发展，在天井上盖屋顶，形成受到屋盖限制的大空间——中庭。今天的"中庭"也称"四季庭"或"共享空间"。酒店中庭与中庭回廊、周围房间门窗等相连，这些部位开口较大，与周围空间相互连通，是火灾蔓延的主要通道。同时，酒店中庭四周的使用功能日趋多样化，部分功能火灾荷载密度较大，并且与其他相邻功能空间联系密切，对防火分隔和疏散设计等要求较高。烟和气流的竖向上升速度为3~4 m/s，火灾时烟气很快会从开口部位侵入上部楼层，给上层人员的疏散、火灾扑救带来一系列困难。酒店中庭高度各不相同，美国著名建筑师波特曼设计的70层亚特兰大桃树中心广场酒店，中庭布置在底部6层，而新加坡37层的泛太平洋酒店，中庭贯通35层。随着近年来酒店设计的规模化和综合化，不断出现贯通十几层乃至数十层的高大中庭，酒店中庭的团聚气氛具有良好的共享空间效果，但这些相互连通的空间实质上处于同一个防火分区内，考虑到酒店内部空间形态的千差万别，在采取防止火灾蔓延的有效措施后，防火分区可以灵活处理，将中庭作为一个独立的防火单元进行考虑。

一、酒店中庭火灾危险性分析

酒店中庭防火设计最大的挑战是，火灾发生时，由于防火分区实际上被上下贯通的酒店中庭空间串联起来，若中庭防火设计不合理，火灾就有可能迅速扩大，造成人员和财产损失。其火灾危险性主要表现在以下四个方面。

其一，火灾不受限制地迅速扩大。中庭火灾属于"燃烧控制型"火灾，一旦失火，火势极易沿酒店中庭迅速蔓延。

其二，烟气迅速扩散。由于中庭空间多形似烟囱，容易产生烟囱效应，若中庭局部楼层发生火灾又未设排烟措施，烟气就会通过中庭向周边楼层扩散，进而蔓延到整个酒店。

其三，人员疏散危险。由于烟气在多个楼层迅速扩散，大量不熟悉酒店消防设施的客人难免心生恐惧，火场人员争先恐后，

容易发生踩踏伤亡。

其四，自动喷水灭火系统难以启动。中庭空间顶棚较高，采取常规火灾探测和自动喷水灭火系统已不能达到火灾早期探测和初期灭火的效果，即使在顶棚下设置自动洒水喷头，由于空间较高，顶棚附近温度达不到额定值，洒水喷头也无法动作。

二、酒店中庭防火设计技术措施

本文在探讨酒店中庭防火设计时，采用比较分析和案例分析等方法，结合苏州凯悦酒店超高中庭的工程实例展开讨论，理论联系实际，规范结合案例。苏州凯悦酒店位于苏州工业园区，酒店主楼平面呈A字形，地下2层，地上25层，建筑高度99.8 m，其中庭贯通地上全部楼层。鉴于酒店中庭的特殊性，其防火设计除了耐火等级、平面布置、建筑构造以外，尤其需要重点关注的是防火分隔、火灾探测、自动灭火、烟气控制等方面带来的重大挑战。

1. 中庭与周围连通空间的防火分隔

酒店中庭作为一个上下层连通的共享空间，若不进行防火分隔，防火分区面积按上、下层相连通的建筑面积叠加计算，叠加计算后的建筑面积往往会超过规定的防火分区最大允许建筑面积，因此需要对酒店中庭进行水平和垂直的防火分隔。垂直防火分隔最为直接的就是利用结构楼板进行分隔，即以层间楼板分隔成若干防火分区。水平防火分隔是在中庭开口部位采取甲级防火门窗、复合防火卷帘、A类防火玻璃等进行有效分隔。房间与酒店中庭回廊相通的开口部位设置火灾时能自行关闭的甲级防火门、窗。与酒店中庭相通的过厅、通道等设置火灾时自动关闭或降落的甲级防火门和复合防火卷帘进行防火分隔，主要起防火、防烟分隔作用。防火门平时保持开启状态，火灾时通过自动释放装置自行关闭，以利兼顾防火分隔和人员疏散的双重功能；防火卷帘的耐火极限大于3 h，且符合推荐性国家标准《门和卷帘的耐火试验方法》（GB/T 7633—2008）等有关耐火完整性和耐火隔热性的判定条件，并具有防烟性能和信号反馈等功能。酒店中庭与

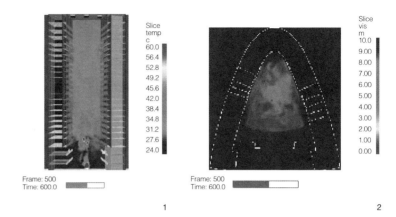

1　中庭地面4 MW火灾温度
　（temp）竖向剖面切片图
2　中庭地面4 MW火灾能见度
　（vis）切片图

周围连通空间采用防火隔墙进行防火分隔时，其耐火极限不低于1 h；采用A类防火玻璃进行防火分隔时，防火玻璃与其固定部件整体的耐火极限亦不低于1 h。中庭回廊与酒店中庭之间设置挡烟垂壁，从顶棚下凸出不小于0.5 m，每个防烟分区面积不超过500 m²。

2. 火灾探测及自动灭火系统

酒店中庭的灭火方式一般有边墙覆盖快速响应喷淋、消防水炮、智能射水器等。消防水炮一般用于机场、火车站、体育馆等人员众多的高大空间。酒店运营时中庭区域人员数量相对较少，中庭灭火系统采用流量适中、小巧灵活的智能射水器，可以克服消防水炮压力较大、可能影响人员安全疏散的负面因素。中庭智能射水器设独立控制系统，并自带火焰探测、扫描定位装置。智能射水器就近接入喷淋主干管，设计灭火时间不小于1 h，用水量单独考虑并计入消防总用水量，其安装位置和间距确保覆盖整个酒店中庭，保证无灭火盲点。

用于超高酒店中庭的火灾探测主要有吸气式感烟探测、反射光束感烟探测、图像对射感烟探测、普通光束对射探测、光电火焰探测、图像火焰探测等方式。苏州凯悦酒店中庭从首层一直贯通到屋面，中庭高度达到99.8 m，且中庭屋顶设有采光顶棚。正常空调情况下，中庭室内温度在高度方向上呈现不一致性，尤其在夏季更不均匀。一般而言，中庭内的温度随着高度的增加而增加，出现"热障"现象。中庭地面火灾在初期或阴燃阶段，由于火灾规模小，烟羽流温度低、热浮力小，加上烟羽流不断卷吸周围冷空气而逐渐冷却，上升过程中遭遇"热障"失去热浮力后在某一高度悬浮，形成烟气"层化"现象，影响超高酒店中庭的火灾早期探测，为此在高度方向上分层设置红外光束感烟火灾探测器，并满足线型火灾探测器的设置要求。

3. 中庭机械排烟系统

酒店中庭独立设置机械排烟系统，在中庭回廊与酒店中庭之间设置挡烟垂壁防止烟囱效应，进行防烟分区分隔，中庭回廊另设机械排烟系统，即在酒店中庭和中庭回廊分别设置机械排烟系统。采用这种看似保守的消防措施，主要是考虑最大限度地避免烟气在酒店中庭与中庭回廊之间相互蔓延。利用酒店中庭首层直通室外或间接通向室外的门作为自然补风口，与中庭顶部的排烟口一起组织烟气排放，防止烟气从回廊栏板与挡烟垂壁间侵入中庭各楼层。酒店中庭顶部3层（23~25层）采用A类防火玻璃进行防烟分隔，与中庭顶棚共同围合形成一个13 m高的大型储烟空间，在凸出屋面的储烟仓侧壁设置机械排烟口。设储烟仓可以给客房层，尤其是高位客房层提供更长的火场耐受时间，以利酒店客人安全疏散。

4. 装修材料和家具的燃烧性能

酒店中庭连通部位的顶棚、墙面采用A级装修材料，其他部位采用不低于B1级的装修材料。挡烟垂壁的主要作用是减缓烟气的扩散和蔓延，提高防烟分区的蓄烟能力和排烟口的排烟效果，因此采用A级装修材料。中庭照明灯具的高温部位靠近非A级装修材料时，采取隔热、散热等防火保护措施，灯饰所用材料的燃烧性能等级不低于B1级，灯饰亦至少选用B1级材料。为有效控制火灾荷载，酒店中庭区域的桌椅沙发和艺术陈设品等的燃烧性能等级均不低于B1级。

三、确定火灾规模和火灾场景

火灾模拟软件能够将实际消防安全工程中的一系列物理参数和设施，如火场温度及速度、火源、火灾探测器、排烟风机、挡烟设施、喷头等建立在火灾模型中，并在模拟时让它们再现实际火灾中的动作时序，与真实火灾的相似性很高。利用火灾模拟软件进行数值模拟时，需要输入火灾规模和火灾场景作为火灾模拟的给定条件，模拟结果能实现可视化输出，还能以"热电偶"探测的方式通过Excel表格输出，来进行较为深入的量化分析。

1. 设定火灾规模

实际上火灾不会立即达到稳态火灾的最高热释放速率，通常

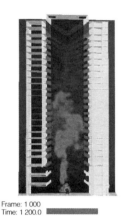

3

4

着火后有一个发展过程。火灾的发展可以看作是时间的函数,发展火灾又称"时间平方火灾",快速发展火灾通常适用于酒店等火灾场景。在火灾模型中,从火灾发生到设定的火灾规模这段时间呈现时间平方火灾状态,火灾达到设定的火灾规模峰值后将保持不变。

自动喷水灭火系统是有效的主动消防设施,具有安全可靠、经济实用、灭火成功率高等优点。通常将喷淋系统启动时的火灾热释放率作为最大火灾规模(即喷淋启动后,火灾规模将保持不变),并考虑火灾探测、报警和排烟系统的延迟。

酒店火灾燃烧物质中危害最大的工程塑料,其主要原料有聚氯乙烯、聚苯乙烯、聚丙烯、聚亚氨酯等。工程塑料燃烧热量大、产烟率高,综合评估后确定酒店中庭火灾的燃烧热为20 MJ/kg,发烟率为0.05,作为火灾模拟软件的输入参数。

2. 火灾场景设计

参考上海市工程建设标准《建筑防排烟技术规程》(DGJ08-88-2006)的相关规定,将未受自动灭火系统保护和受自动灭火系统保护的酒店中庭设计火灾分别确定为4 MW快速时间平方火灾和1 MW喷淋控制条件火灾。酒店各楼层伸入中庭范围的功能区域,由于受到智能射水器灭火系统的保护,加之提高酒店家具的燃烧性能等级,如果发生火灾,其烟气蔓延形式与中庭回廊火灾相似,均为阳台型烟羽流类型,由于面积较小容易扑灭,此场景可不进行火灾模拟。

综上,酒店中庭最不利的火灾场景是中庭地面火灾,消防顾问采用FDS火灾模拟软件模拟了2个火灾场景:一是中庭地面4 MW快速发展火灾,轴对称烟羽流,燃烧热20 MJ/kg,发烟率0.05,通过火灾模拟验证中庭机械排烟的实际效果;二是中庭地面1 MW快速发展火灾,轴对称烟羽流,燃烧热20 MJ/kg,发烟率0.05,小型火灾容易产生"烟气"层化现象,模拟此火灾场景就

是为了验证小型火灾情况下中庭实际的机械排烟效果。

四、FDS 火灾模拟及模拟结果

FDS软件由著名的美国国家标准与技术研究院(National Institute of Standards and Technology, NIST)开发,是计算流体力学软件的一种,专门从数值计算方面解决一系列有关热驱动、低速流动的Navier-Stokes方程,适用于火灾导致的热烟传播和蔓延的数值模拟,FDS利用大涡流流体力学模型(large eddy simulation, LES)来模拟火场流体的紊态流动。

1. 酒店中庭火灾模拟

苏州凯悦酒店中庭采用机械排烟,在屋顶设置机械排烟风机,沿中庭顶棚四周侧面均匀布置机械排烟口,排烟口采用常闭百叶形式,火灾时联动打开。结合上海市工程建设标准《建筑防排烟技术规程》(DGJ08-88-2006)中有关4 MW火灾规模和清晰高度的概念计算方法,并结合国家2005年版《高层民用建筑设计防火规范》(GB 50045—95)有关中庭换气次数的常规计算方法,考虑到机械排烟口的不同位置对中庭烟气运动有较大影响,通过模型试算对中庭机械排烟口的位置进行优化选取,初步确定模型中的总排烟量为50万 m³/h,在模型中设置8个机械排烟口,即模拟在酒店屋顶布置8台机械排烟风机,每台机械排烟风机的风量为6.2万 m³/h。补风则主要通过首层直通室外或间接通向室外的门,如酒店入口及首层疏散外门等,共考虑补风面积20 m²。

2. 中庭地面4 MW火灾模拟结果

从中庭地面4 MW火灾温度竖向剖面切片图来看(图1),在600 s内,大部分烟气温度未超过60℃;同时,从中庭地面4 MW火灾能见度切片图(二十二层地面以上2 m水平面)(图2)来看,火场可提供酒店内最不利楼层——二十二层酒店客人(23~25层中庭回廊与酒店中庭之间设有全封闭的防烟分隔)的安全疏

3 中庭地面1 MW火灾温度(temp)竖向剖面切片图
4 中庭地面1 MW火灾能见度(vis)切片图

散时间不小于600 s。由于中庭烟气首先危及较高的客房楼层，模拟结果显示较高楼层的酒店客人拥有足够的安全疏散时间进入同层的安全出口（防烟楼梯间）。

3. 中庭地面1 MW火灾模拟结果

为分析小型火灾可能产生的烟气"层化"现象，又对中庭地面1 MW火灾进行了模拟，模型输入参数中除火灾规模调整为1 MW，其他所有输入参数及FDS整体模型均未变化。

在中庭地面1 MW小型火灾场景下，虽然烟气上升速度要比4 MW火灾慢，且易产生烟气"层化"现象，但小型火灾本来产烟就较小，而高大中庭对烟气的稀释效果又较好，再加上自动灭火系统的及时启动和围护结构的吸热作用（约吸收1/3热量），使酒店中庭及中庭回廊区域的烟气温度降低、能见度提高。从模拟结果看，提供给酒店客人安全疏散的时间不小于1 200 s（图3，图4）。考虑到中庭地面酒店家具等影响人员安全疏散的不利因素，模拟结果表明酒店首层人员同样拥有足够的安全疏散时间从安全出口（疏散外门）离开火场[①]。

五、结论和建议

1. 结论

人员安全疏散所需的时间由探测时间、延迟时间和行动时间三部分组成。一般情况下，感烟探测器响应时间小于30 s，考虑酒店内工作人员向消防控制中心报警的方式，探测时间为60 s。参考公安部2009年《建设工程消防性能化设计评估应用管理暂行规定》，客房内设带蜂鸣器（床头处75 dB）的感烟探测器，酒店客房和中庭回廊均设消防广播，延迟时间（消防报警时间、人员识别及反应时间）为120 s。消防顾问采用Pathfinder疏散软件对客房层人员疏散的模拟结果显示，客房层酒店客人全部疏散到本层防烟楼梯间的时间为92 s，考虑1.5倍的安全系数后为138 s，再加上60 s探测时间和120 s延迟时间，客房层酒店客人疏散至本层安全出口的所需时间为318 s，小于600 s安全疏散时间。

根据对中庭地面4 MW快速时间平方火灾和1 MW喷淋控制条件火灾的模拟结果，中庭地面4 MW和1 MW火灾场景下，火场允许酒店客人安全疏散的时间分别不小于600 s和1 200 s。对比防火设计提供的人员安全疏散时间和酒店客人疏散所需的逃生时间，酒店中庭50万m³/h的机械排烟量可以为酒店客人，特别是为储烟仓下最不利的二十二层的酒店客人提供宝贵的火场逃生窗口时间。而且此排烟量已相当于酒店中庭和中庭回廊总体量的6次换气次数，相比规范要求的4次换气次数具备一定的安全冗余。酒店中庭下部设置自然补风，中庭顶部排烟口均匀布置，每个排烟口的风速不大于10 m/s，中庭机械排烟系统的排烟效果良好。

2. 具体建议

基于前述分析和讨论，本文对酒店中庭，特别是高大酒店中庭的防火设计给出如下建议：

第一，在中庭顶部若干楼层的中庭回廊与酒店中庭之间设置全封闭的防烟分隔措施，与中庭顶棚共同围合形成储烟空间，为中庭排烟创造有利条件。

第二，虽然国内已有一些案例，如上海金茂大厦、郑州绿地中心等只在酒店中庭设置机械排烟系统，而未在中庭回廊设置独立的机械排烟系统，但为了有效控制和尽量减少火灾蔓延，仍然建议在酒店中庭和中庭回廊分别设置机械排烟系统。

第三，高大中庭火灾探测可使用红外光束感烟探测器，由于中庭空间较高，建议分层设置探测器，在中庭高度方向上每隔30 m左右设置一层红外光束感烟探测器，并错开设置以保证火灾探测效果。

第四，可以采用智能射水器作为中庭自动灭火系统，智能射水器具有保护半径大、流量小、较为美观、主动探测扫描并定位灭火等优点，设计需满足相关国家、部委、行业、协会、地方等相关标准。

第五，中庭防火设计应满足《建筑设计防火规范》（GB 50016—2014）第5.3.2条的规定，如中庭与周围连通空间进行防火分隔、中庭内不布置可燃物等；只有现行规范未做明确规定或虽有明确规定但执行该规定有困难时，才能采用性能化消防设计方法，且消防安全性能不得低于规范规定的安全水平。

注释

①参考罗尔夫杰森消防技术咨询（上海）有限公司于2010年编制的《酒店中庭消防专题分析报告》。

参考文献

[1] 李亚峰，马学文，张垣，等. 建筑消防技术与设计[M]. 北京：化学工业出版社，2005.

[2] 中华人民共和国公安部. 建筑设计防火规范（GB 50016-2014）[S]. 北京：中国计划出版社，2014.

[3] 中国京冶工程技术有限公司，等. 《建筑设计防火规范》图示（13J811-1）[S]. 北京：中国建筑标准设计研究院，2014.

[4] 住房和城乡建设部工程质量安全监管司. 2009全国民用建筑工程设计技术措施：建筑产品选用技术（建筑 · 装修）[S]. 北京：中国建筑标准设计研究院，2009.

OMEN FROM THE WINNER LIST OF "THE BEST DESIGN HOTELS AWARD" : THE DEVELOPMENT AND CHANGES OF DESIGN HOTELS

见微以知萌
——从"最佳设计酒店大奖"获奖名单看设计酒店的发展与变化

马琴 | Ma Qin

设计酒店是酒店产品的特殊形态，具有独一无二的原创性主题，是采用专业、系统、创新的设计手法和理念进行前卫设计的酒店。设计酒店把设计文明与酒店文化进行了高度融合，把酒店从功能型的建筑产品，变成了文化和人文的产品，是酒店业发展高级阶段的产物。设计酒店具有原创性、前卫性、高端性、先进性的特点，理念上有一定的前瞻性，服务上更具有针对性。从一定程度上说，它的发展趋势是整个酒店行业的标杆和风向标。

2015年底，微信公众号"中国最佳设计酒店"发布了一份第七届"最佳设计酒店大奖"的获奖名单。榜单围绕2014年之后开业的酒店，设置了"最佳小而美""最佳世外之境""最佳人文体验""最佳艺术潮流""最佳创新生活""最佳推陈出新"六个奖项，最后共有34个酒店分获各个奖项。

对于设计师或者酒店从业人员来说，与行业内的各项设计大奖相比，这份榜单也许没有很强的学术性和权威性。但也正因为它是由非专业媒体组织的评选①，有着媒体特有的敏锐嗅觉，所以更真实地反映了社会对不同酒店的接受度和认可度，也可以从中观察到酒店行业的发展趋势和价值取向。无论对酒店设计师，还是酒店经营者，都很有参考价值。

一、奖项设置与设计酒店的价值取向

近几年，中国酒店行业在悄然发生着巨大的变化，一边是高端品牌酒店自觉的强劲扩张，一边是各种民宿自发的蓬勃发展。但是随着"八项规定"的出台、"三公消费"的限制甚至取消、老百姓旅行方式和出行目的的转变，无论是品牌酒店还是民宿，其设计理念和经营模式也已经在不知不觉中悄然改变。

和很多评奖方式不同，"最佳设计酒店大奖"的奖项设置不是一成不变，而是每年都有所不同。历年的奖项设置在一定程度上反映了酒店业在该年度的价值取向和关注重点。

例如，2013年"最佳设计酒店大奖"设置了三大类主题（风格类、关怀类、传承类）20个单项奖以及4个综合奖（最佳新酒店、最佳度假酒店、最佳城市酒店、年度最佳酒店）。可以看到仅仅在两年前，奖项关注的重点还是酒店的整体实力和设计的主题。在这种奖项设置的前提之下，如果酒店规模没有达到一定程度，比如说通常只有几间客房的民宿，是很难摘取桂冠的。最后揭晓的榜单也恰恰证明了这一点。

当年单项奖的设置体现了对设计风格、人文关怀和文化传承这三个方面的关注，除了人文关怀之外，其余两项基本都需要从专业和学术的角度进行评选。所以，当年的评选更像是行业内的评优，顾客的体验和评价只占到了奖项中很小的比例。

今年的奖项设置从名称上就明显降低了学术性，内容上也进行了细分，说明酒店行业关注的重点已经从整体实力的比拼变成了对细节和个性化体验的重视。这一转变与目标客户和出行模式的变化是不谋而合的。近年来，随着商务宴请、公款消费的锐减，许多原本走高端奢华路线的酒店纷纷降低门槛、调整经营模式，开始取悦普通消费者。即使不降低价格，也会在服务水平和内容上拼尽全力，从原先的浮华排场转向物有所值。

1 2

1 丽江大研安缦酒店（图片来源：互联网）
2 咸阳袁家村左右客·关中印象酒店

与此同时，随着对生活品质的要求的提高，中产阶层对出行和住宿提出了新的要求。越来越多的人不再满足于走马观花的旅游，开始向度假和体验生活转变。这就要求酒店不能仅仅是旅途中的一个落脚点，而是旅行生活的一个组成部分，甚至本身就成了旅行的目的地。而这恰恰是设计酒店和个性化的民宿所擅长的。

本届榜单中"最佳世外之境""最佳人文体验"两个奖项是对这种变化很好的回应。

"最佳世外之境"奖项追求的是把自然美景与酒店建筑紧密地结合在一起，倡导设计与自然的和谐，创造远离尘嚣的隐居之所。该奖项中得分最高的丽江大研安缦酒店就是个典型案例。酒店傲居狮子山顶，环视丽江，目之所及皆是壮丽山峦，数步之遥又能步入古城老街。居闹市而不喧，繁华与清幽兼收，颇有中国道家哲学思想中"大隐于市"的意味。安缦之名源自梵文"平和"，酒店的所有建筑均采用纳西民居的设计，环抱宁静庭院，坐拥美丽风景，古朴而又宁静。很多人去丽江，会把在安缦享受著名的水疗、在酒店里品茶发呆当成旅行的目的之一（图1）。

"最佳人文体验"奖项追求的是结合历史文脉，以可持续的方式对建筑进行保护和改造，并提供一定的传统生活方式体验及探寻活动（关于对历史建筑的保护会在后面单独讨论，这里主要讲人文体验）。从早几年的方便舒适，到如今的人文体验，可以说是酒店为了讨好顾客想尽办法，但更确切地说应该是酒店已经从简单的服务顾客提升到了引导和创造新的生活方式。

从火遍各种建筑媒体的成都博舍，到把明代官厅变作酒店大堂的上海朱家角安麓酒店，从由民国女校演变而来的苏州同里花间堂，到倡导"深睡眠、茶生活"的咸阳袁家村左右客（图2），"最佳人文体验"奖项的获奖名单基本上是2015年各种新生活理念和新酒店体验的大汇总[2]。这些酒店剥离了大家熟悉的酒店印象，从空间、装饰、饮食、休闲、服务等各个方面给人以全新的体验，同时营造出历史和文化的气息。

这种全方位的环境、生活方式和价值观的打造，把设计酒店从一个服务于人的客体，变成了一个引导人的主体。酒店的设计也从被动地讨好客户群体，变成主动地创造空间场所和生活方式。

二、奖项分布与设计酒店的选址

从获得"最佳设计酒店大奖"各个奖项的34家酒店[3]的地域分布统计（表1）中可以看到，获奖酒店的分布并不均匀，而是相对集中在浙江、云南、上海、江苏、福建和北京等地。这些地区的共同点就是经济发达或者拥有丰富的旅游资源和良好的自然环境。获奖最多的浙江省则既有雄厚的经济实力，又有丰富的旅游资源。从更大的区域看，长三角的江、浙、沪三地所占的比例已经超过了总数的一半。

表1 2015年"最佳设计酒店大奖"获奖酒店地域分布统计

地区	比例	地区	比例
浙江	23%	四川	3%
云南	20%	陕西	3%
上海	18%	山东	3%
江苏	9%	吉林	3%
福建	6%	广西	3%
北京	6%	安徽	3%

当然，单看某一年的分布统计会有一定的偶然性，而且由于主办单位是上海的媒体，在选择上可能也会有一定的倾向性和片面性。但是偶然中也有一定的必然性。从笔者了解的情况看，获奖酒店的分布情况基本上还是与国内设计酒店的选址意愿和实际发展情况相符的。

对于酒店的生存和发展而言，客源的质和量是关键。相比以商旅客人为主要客源的商务酒店，设计酒店更依赖对生活质量、审美有较高要求的私人消费。这种客源的数量，是与区域的经济水平有着密切关系的。只有当某个区域内有这种需求的客源达到一定数量之后，才会呈现出设计酒店批量出现的态势。

区域经济发展水平是支撑设计酒店的根本，而景观资源和酒店环境是设计酒店吸引客源的重要资本。入住设计酒店的客人多以休闲度假为主，优美的环境、特色化的服务、个性化的体验，甚至清新的空气都可以成为设计酒店的卖点。

长三角地区经济发达、旅游资源丰富，而且该地区城市密度

3

大，公路和铁路交通网极其发达。无论是商务出差还是短途出游都非常方便，两小时的交通圈几乎覆盖长三角所有地区。而且该地区居民的消费能力和出行意愿都很高，追求时尚和生活情趣；在快速到达之后，长三角得天独厚的自然环境又可以为忙碌焦虑的都市人提供一个慢节奏的环境放松身心、享受生活。因此该地区的设计酒店蓬勃发展，数量和质量都处于全国的领先地位。一直火爆的莫干山地区和新兴的安吉、桐庐地区的酒店密度和受市场热捧的程度都证明了这份榜单还是比较客观地反映了现状的。

三、奖项设置与设计酒店的建设规模

设计酒店始于20世纪80年代中期的法国，初期的设计酒店都是大牌酒店加著名设计师的组合，最具代表性的就是由才华横溢的法国设计师Philippe Starck设计的纽约派拉蒙酒店（Paramount Hotel）④。中国的设计酒店起步稍晚，但基本也是走的由实力雄厚的酒店集团或者地产开发商聘请著名设计师共同打造的路径。

但是近几年来，设计酒店出现了明显的小型化倾向，甚至连之前根本无法与品牌酒店相提并论的民宿也成了其中的重要组成部分。

在很长一段时间里，中国中高端酒店的市场都是品牌酒店的天下，民宿只是简单、低端的代名词。但是随着旅游市场的多元化以及前文提到的政策原因，民宿旅游异军突起，在原本低度发展的行业中，创出一片欣欣向荣的景象，成为品牌酒店强有力的竞争对手。

最初产生民宿的原因主要是农家为了增加收入，或者是新开发地区的政府为了解决住宿资源不足而鼓励当地人利用空置房屋进行经营。这种以家庭副业方式出现的民宿价格亲民，受到了市场的欢迎。但是由于经营水平参差不齐，管理水平和服务质量也很难保证。随着民宿热潮创造出来的巨大商机，家庭副业的经营模式很快变成了家庭主业，甚至吸引了投资客、设计师等进入民宿的经营，民宿也开始朝精致化、豪华化、高价化以及高服务化的方向演进，甚至创造了自己的品牌。

现在的高端民宿不仅价格直追奢华酒店，而且还常常一房难求。本次获得"最佳小而美"奖项的8个酒店，其共同点就是设计风格鲜明，品位精致不凡，这些酒店的规模都不大，但是都以小

见大地呈现了当地的历史传统和人文特色（图3）。

本次获得"最佳小而美"奖项的酒店基本上都是民宿或者由民宿发展而来的品牌。这个奖项的设置和获奖酒店的名单已经充分说明了市场对这种小规模设计酒店的认可。相比大规模建设的度假村或者体量巨大的酒店，小型的设计酒店可以与环境更好地融合。并且由于客房数量少，客人的私密性也会有更好的保障；同时，也因为其规模小，才能提供更加个性化的服务，比如说直接把艺术品（而不是工艺品或者印刷品）作为酒店的陈设。纵观整个榜单，民宿的比例已经相当可观，充分说明了中国的酒店，尤其是设计酒店已经由单一走向多元，由追求规模大、功能全，转向小而美、小而精。

四、获奖酒店与设计酒店的建造方式

2015年的榜单还有一大看点，就是在获奖酒店中，新建和改建的酒店平分秋色，各占一半（表2）。

近年来，大规模快速建设和盲目拆迁所带来的问题已经引起了全社会的关注。那些承载着某一时期集体记忆的旧建筑在岁月的更替中何去何从，不仅仅是建筑行业的命题，更是关乎整个城市生命延续、文化重生的重要问题。

本次获奖名单中批量涌现的由旧建筑改造而成的酒店，既有对知名老建筑的改造，也有对普通旧民宅的利用。它们或保留了珍贵的历史记忆，或传承了城市文脉，或创造了独特的体验，都在老建筑的改造利用上进行了非常有益的探索。

例如获得"最佳人文体验"奖项的苏州同里花间堂脱胎于江南百年女子名校丽则女学。丽则女学曾是民国初期名媛淑女教育启蒙之地，校园内建筑雄伟挺拔、秀丽精致。改建过程中，花间堂团队查阅了大量历史资料，请教文物历史专家，将梁柱、砖瓦、木雕、石刻全部保留，还原老宅的精髓，同时让老宅满足现代生活品质，融合中西审美。酒店的整体空间设计概念，正是解读历史、还原过往，以一个旅程的概念，叙述由青涩无知到魅力知性、由天真少女到名媛仕女的人生蜕变之旅。

同获这个奖项的大理天谷喜院古迹精品酒店，是大理喜洲88幢国家保护遗产之一。酒店的设计灵感来自于白族丰富的艺术遗

3 丽水隐居画乡院落酒店（图片来源：互联网）

表2　2015年"最佳设计酒店大奖"获奖酒店建造方式列表

奖项	获奖酒店	改建	新建
最佳小而美	杭州山舍酒店	●	
	杭州菩提谷	●	
	大理双廊璞 · 素精品度假酒店	●	
	厦门鼓浪屿北屿酒店	●	
	莫干山清风 · 原舍		●
	温州永嘉墟里乡舍	●	
	黄山山水间微酒店	●	
	丽水隐居画乡院落酒店	●	
最佳世外之境	丽江大研安缦酒店		●
	桂林阳朔喜岳云庐酒店	●	
	莫干山安缇缦度假区		●
	大理无舍		●
	青岛涵碧楼酒店		●
	西双版纳万达文华酒店		●
最佳人文体验	成都博舍		●
	上海隐居繁华雅集公馆	●	
	上海朱家角安麓酒店	●	
	大理天谷喜院古迹精品酒店	●	
	北京欣得酒店	●	
	苏州同里花间堂 · 丽则女学	●	
	昆明银柜精品酒店	●	
	咸阳袁家村左右客 · 关中印象	●	
最佳艺术潮流	上海万和昊美术酒店	●	
	南京圣和府邸豪华精选酒店		●
	杭州忆泊城市艺术酒店		●
	北京瑰丽酒店		●
最佳创新生活	上海虹桥世茂睿选尚品酒店		●
	苏州雅诗阁万科美好广场服务公寓		●
	印度尼西亚巴厘岛水明漾阿丽拉度假酒店		●
最佳推陈出新	莫干山西坡山乡度假酒店	●	
	大理古城一号院		●
	上海凯宾斯基大酒店		●
	上海柏悦酒店		●
	长白山柏悦酒店		●
	泉州安溪悦泉行馆		●

产，建筑原先的古老工艺被完整地保留了下来。白族古建工匠、结构专家和国际化的建筑及室内设计团队共同参与了酒店的改建工程，保留了百年历史遗迹强烈的本体特征，整体外观完全忠实于原来的样貌，并对建筑内外大量具有重要价值及不可再生的白族建筑艺术品加以保护。酒店内所有的土墙、照壁、立柱、横梁、石雕、木雕、绘画和镶嵌等均为留存下来的真品。新加部分与遗留部分有着明确的区分，使客人在享受舒适的现代环境的同时，也能感受到酒店自身所具备的历史气质。

除了老建筑的改造之外，本次评选还鼓励挖掘非新开酒店中的新设施、新服务、新体验方面的全新突破。获得"最佳推陈出新"奖项的几个酒店在这些方面各有建树，比如莫干山西坡山乡度假酒店的户外线路、大理古城一号院的SPA会馆、上海柏悦酒店的私密空间，都是酒店在原有服务内容上的创新和提升。

而在"最佳创新生活"奖项的评选中，绿色环保和新兴科技的应用也占了很大的比重。

结语

一份榜单所能传递的信息是有限的。但是，如《韩非子·说林上》所言"见微以知萌，见端以知末"，从这些有限的信息里，我们可以看到当下的中国设计酒店会选择在哪里建、建成什么样、怎么建以及建多大。令人欣慰的是，透过这份榜单，我们看到了中国的设计酒店建设正向更加理性、人文、环保和健康的方向转变，对人、历史和文化、自然和环境有了更多的理解和尊重。

注释

①"中国最佳设计酒店"公众号是由上海报业集团旗下《外滩画报》杂志负责推送的。

②获得"最佳人文体验"奖项的酒店分别是成都博舍、上海隐居繁华雅集公馆、上海朱家角安麓酒店、大理天谷喜院古迹精品酒店、北京欣得酒店、苏州同里花间堂 · 丽则女学、昆明银柜精品酒店、咸阳袁家村左右客 · 关中印象。

③获奖酒店共有35家，其中34家为国内酒店，另一家位于印度尼西亚巴厘岛。

④Philippe Starck为派拉蒙酒店设计了从大堂的桌椅到房间的床柜直到浴室牙刷的一系列产品，客人住在派拉蒙酒店，就像住在Starck的设计产品陈列室一样。独特的设计风格使派拉蒙酒店成为经典的世界顶级的设计酒店。

EITHER BIG OR SMALL: ANALYSIS ABOUT THE FUTURE TRENDS OF RESORT HOTELS IN CHINA

要么大，要么小
——中国度假酒店的未来趋势分析

凌克戈 I Ling Kege

笔者近些年经常被问到最近在做什么酒店项目。其实很惭愧，这些年在光谷希尔顿和江阴嘉荷之后自己鲜有酒店项目建成，最近建成的是成都协信中心希尔顿和重庆康德温德姆至尊豪廷酒店，都是只差装修了，但就在那里孤独地笑看花开花落。这几年好多酒店项目的设计都半途而废。酒店业整体的过剩导致了房价的下滑，而几项规定的出台大大抑制了政务会议的需求，让传统的五星级度假酒店度日如年。一方面，各项数据显示中国的五星级酒店营收水平直线下降，大量项目下马；另一方面，两类酒店的业绩却是突飞猛进，一类是（特别是南方地区）大城市周边的度假酒店，另一类就是大量出现的高端民宿和精品酒店。

近些年几大都市都出现了家庭出游的小高潮，不同于三亚之前那种情侣度假的散客，这样的消费者往往是一次性预定几天几个房间，并且愿意在酒店进行消费。这种消费主力对酒店的需求不再是住宿和游泳那么单纯，而是要满足从老到小一家人的需求。澳门的几个综合型酒店，如新壕天地等，都是以超大体量满足这类家庭出游的需求。这类出游在未来将呈几何级的爆发性增长。

中国的整体地理环境导致了只有南方地区才可能有全年的户外活动，所以在绝大多数地区，如果没有温泉，度假酒店都会有小半年的淡季。一到节假日，价格高企、一房难求，但是一过了这些天房价就断崖式下跌，几乎成了中国特色。国外很多度假地没有特别的淡季和旺季是得益于国际化的度假人群以及综合性的开发，几年前笔者曾写过一篇文章专门谈到了三亚沿海边开发和巴厘岛中心开花的区别：线状开发会导致离机场越远房价越低，同时不利于商业配套的聚集，点状开发可以互补而且有利于商业配套与酒店的互动。

我们可以看到的是，在作为中国度假地首选的三亚，酒店业几乎一片哀号，除了早期亚龙湾的酒店还可以靠着地价便宜有钱赚之外，海棠湾、清水湾的顶级酒店标房年均价较低，而且入住率不高，再加上配套的宴会厅、餐厅时常门可罗雀，投资回报可想而知。然而在不远的珠海和广州，长隆酒店群却人满为患。笔者在2011年就提出度假酒店的发展方向一定是酒店集群：可以共享配套，实现梯级人群的全覆盖，满足一站式度假的需求，吸引家庭度假这个主要消费人群……长隆以马戏和动物主题吸引了珠三角地区的家庭度假客户，以中国版的迪士尼酒店走出了一条都市圈度假酒店的新路。其特点就是从四星级到五星级酒店的全覆盖，单个客房投资并不高，仅仅是准四星、准五星级的标准，但是配套设施丰富，有玩、有看、有逛并且辅以新奇特的表演。每个长隆酒店群配置一个会议中心，与300房就配一个会议中心的传统度假酒店相比，长隆酒店群的效率明显高很多。酒店集群的后勤合并和配套合并使其平均客房投资不及传统酒店的80%，所以可以建设大量的娱乐配套，两者相辅相成。同时它的餐厅在早餐时由酒店使用，午餐即对社会开放，价格亲民，酒店客人基本不会出去用餐。

公共配套的使用效率是长隆酒店群给我们的最大启示，尽管它的管理和档次并未达到同等级酒店的标准，但其模式可以说是未来中国都市圈度假酒店的发展方向。三亚海棠湾我比较看好亚特兰蒂斯酒店，其庞大的水世界相当于长隆的马戏和水族馆，能够将家庭度假和情侣度假一网打尽，体量足够大的酒店可以通过门票优惠将客人留住。所以我的第一个观点就是"大"——足够的齐全、足够的效率、摊薄的投资。2016年，上海迪士尼引爆上海的度假酒店，笔者正在设计的位于其旁的绿地三甲港酒店群的总建筑面积达到了23万 m²，从准四星、准五星到五星级全覆盖，采用自有品牌管理公司，有温泉、水世界、商场、会议以及演艺等一系列配套设施（图1）。面向的人群既有迪士尼的团队客人，也有浦东机场的过夜客流，更包含了上海的家庭游（考虑到迪士尼和交通便捷的因素，这个酒店群的建成将会使上海的家庭度假游目的地由佘山转移到浦东）。因为各种配套的共享，酒店群平均到每个房间的投资只有传统同等级酒店的1/2多一点。

澳门的威尼斯人酒店在澳门第一次开启了不仅仅靠赌场带动的新模式，现在酒店已经以威尼斯水城主题的步行街作为主要吸引点，万达的旅游城基本沿用了这个模式。笔者对目前正在营业的万达长白山国际度假区并不看好，因为它基本上还是采用了海棠湾酒店的模式，只归于一家公司开发，而且远离都市圈，气候

1

2

3
4
5

1 上海绿地三甲港酒店群
（图片来源：上海都设建
筑设计有限公司）
2 兴坪云庐酒店（图片来
源：刘宇扬建筑事务所）
3 厦门那厢酒店（图片来
源：那厢官方微信）
4 上海枫泾一号酒店（图片
来源：上海都设建筑设计有
限公司）
5 上海Ukey House（图片
来源：Ukey House）

条件导致淡旺季明显。但是万达在西双版纳的项目没有气候导致的淡旺季，又处于国家级旅游目的地，所以前景足够好。就度假酒店的模式探索而言，万达还是走在了所有开发商的前面。

以上这些酒店的建设、运营都是基于酒店群的概念，"大而全"是其共同特征。传统的度假酒店与其竞争，除非有特别的资源，否则没有任何胜算。

在过去的一年，最常看到和听到的就是"莫干山""大理""阳朔""厦门""民宿"……在这些关键词的背后，是只有几间最多几十间客房的精品酒店成为资本和情怀追逐的目标。"裸心谷"的成功和大理民宿的高回报让精品酒店成为宠儿：不低于五星级酒店的房价、几乎没有配套、投资小、工期短、没有酒店管理公司的扒皮。从最开始的"洋家乐"到现在越来越根植于当地文化并极富创意，一些酒店已经有了"安缦"早期的影子。最近的两个酒店让笔者非常震撼，分别是由村落原有民宅改造的广西兴坪云庐酒店（图2）和厦门那厢酒店（图3），它们有五星级酒店的舒适度，同时又有不丹安缦的那种质朴与文化。

"小"是这些酒店的共同特点，其实在欧美国家及日本，只有几个房间的好酒店极其受欢迎，因为它们各具特点。未来的个性化消费将是除了家庭游之外的另一个主要度假消费行为。在这一类酒店中旧建筑改造占了很大比重，水舍酒店和贝轩大公馆是上海两个不同风格的旧改酒店的典范，分别体现了旧工业时代的码头文化和旧时上海十里洋场的法租界情调。个性是小型酒店的灵魂，如何塑造吸引人的"噱头"是设计师最需要关注的。笔者在上海枫泾古镇正在设计的一个酒店是由粮库改造而来，两个粮仓改作婚礼教堂，两个仓库改成多功能厅，与教堂一起成为婚礼庆典的圣地（图4）。

现在越来越多的个人投资者进入这个领域，一些建筑师也把私宅改造成为富有魅力的客房加入Airbnb，我们每天都会发现一些很有格调的酒店或者民宿，也许这在一定程度上弥补了中国土地性质导致的私宅这一重要创作领域缺失的遗憾。我的一位前同事在上海市中心租下一层老建筑，把它改成了只有两个客房的民宿——Ukey House（图5），自己投资和经营，既发挥了个人的才华，也取得不错的经济回报。目前越来越多的建筑师开始在莫干山、大理、厦门等地投资和设计民宿，在建筑设计市场日益萎缩的当下，通过设计创造自己的生活。

由于高企的地价和昂贵的资金成本，中国酒店在运营上与国外酒店走向两个不同的维度。随着房地产销售红利的消失，酒店要靠自身实现财务平衡就变得非常困难。中国的度假需求每年以10%的速度在增长[1]，但是以这种需求来支持现有的传统酒店模式依然很困难，所以要么大，摊平单方成本，走高效率的道路；要么小，精品化，提高单方的收益。未来几年在大和小发展的同时，一大批由于房产开发而建的酒店将陷入运营困境。

注释
①详见http://news.xinhuanet.com/house/gz/2014-03-14/c_119780814.htm。

参考文献
[1] 凌克戈. 关于度假酒店集群化的思考. 城市建筑，2011（4）：11-14.

THE COMPARATIVE STUDY ABOUT GREEN HOTELS DESIGN BETWEEN THE *ASSESSMENT STANDARD FOR GREEN BUILDING* IN CHINA AND THE LEED STANDARDS IN THE UNITED STATES

中国《绿色建筑评价标准》和美国LEED标准关于绿色酒店设计要求的比较研究

曾超 | Zeng Chao

随着建筑能源高效利用的相关法规的颁布和中国国内持续增长的能源节约需求的影响，绿色酒店设计的要求越来越突出。同为国内市场现行主流绿色建筑评价体系——舶来品美国LEED标准（简称LEED）与中国《绿色建筑评价标准》（简称《绿标》），作为绿色酒店设计的参照依据，有哪些区别和联系？

中国于2006年制定了《绿色建筑评价标准》，采用定性、定量分析和分级打分的方法，形成较为完整的评分体系，首次以国标的形式明确了绿色建筑在中国的定义、内涵、技术规范和评价标准。

LEED全称是Leadership in Energy & Environmental Design（中文翻译为"能源与环境设计先锋奖"），用于衡量建筑物在节能、环保、舒适度、资源使用效率等方面的性能表现是否足够优秀。LEED针对新建筑（LEED-NC）、既有建筑（LEED-EB）、商业建筑室内装修（LEED-CI）、建筑主体和外壳（LEED-CS）、独立住宅（LEED-H）、学校（LEED-School）、零售店（LEED-Retail）、医疗卫生建筑（LEED-Healthcare）以及社区开发（LEED-ND）共分成9个评价体系。本文基于LEED-NC针对酒店建筑进行分析。

以下将对上面两套标准中适用于绿色酒店建筑设计的部分内容进行比较和分析，探讨适合酒店建筑的绿色建筑措施。

一、节地与室外环境（《绿标》）vs.可持续性场址（LEED）

《绿标》对土地利用、室外环境、交通设置与公共服务、场地设计与场地生态等进行了规定。

LEED对于建设中污染防治、场址选择、开发密度和社区连通性、褐地再开发、替代交通、栖息地保护、雨洪设计、热岛效应、光污染等有相应的规定。

在酒店建筑选址方面，主要有环境、安全、交通等要求，建筑的选址对于节地有着极为重要的作用，同时也有利于营造良好的室外环境。在规划与建设方面，要求酒店建筑合理利用地下空间、废弃场地和老建筑。在建筑物理环境方面，要求酒店建筑应该在自身的光、声、热环境和日照通风上符合要求，并且重视与周边环境协调共存。在外环境方面，鼓励酒店建筑实施屋顶绿化、墙面绿化、垂直绿化等。在环境污染防治方面，杜绝酒店建筑给所在区域带来动态和静态污染源。相对于《绿标》，LEED增加了对于使用自行车和新能源汽车的鼓励。

青岛德国企业中心（含酒店）的布局秉持对周边自然环境负责的态度，以及融合山水景色的理念。基地被水源保护区在中间隔断，本身貌似不利于地块开发的条件通过设计手段被转变为独特的优势，由此形成的高品质的中庭绿化空间将自然景色引入建筑内部。建筑群根据功能划分为三个部分（行政中心及体验馆、商务办公、酒店公寓），形成面向东侧湖面、环绕中心绿化和水域的开放式布局。作为公共服务区的建筑裙房保持开放和通透，将自然环境和建筑空间紧密融合。建筑设计对环境可持续性的追求还体现在建筑体量与现状地形的完美结合上，一些对自然采光要求不高的功能（如后勤等）被设计在缓坡内部，由此将建筑裙房"隐藏"在自然中。同时尽量降低建筑高度以便与地形景观和谐统一（图1）。

天津京蓟圣光万豪酒店（建筑面积5.9万 m²，地下1层，地上5层，建筑高度23.95 m）依山而建，不仅减少土方量，以及对景区植被的破坏，而且结合山体走势和气候特点，充分利用山体遮挡冬季的北风，建筑采用工字形布局，最大限度创造自然通风和

1 　　　　　　　　　　　　2 　　　　　　　　　　　　　　3

1 青岛德国企业中心（图片
来源：中国建筑设计院有
限公司）

2 大连君悦酒店（图片来
源：中国建筑设计院有限
公司）

3 北京通盈中心（图片来
源：中国建筑设计院有限
公司）

采光的条件。

二、节能与能源利用（《绿标》）vs.能源与大气（LEED）

《绿标》要求合理选择和优化供暖、通风和空调系统，以及根据当地的气候和自然资源条件，合理利用可再生能源。

LEED要求在必要标准基准之上进一步提高能源效能，以减轻过度用能对环境和经济方面的影响。为分析之目的，作业能耗包括（但不限于）办公与各种设备、计算机、电梯和扶梯、厨房炊事和冰箱、洗衣烘干、额外的照明（如医疗设备的照明）和其他（如水帘泵）；常规能耗包括照明（如室内、车库、停车场、立面照明、地面照明和上述以外者）、暖通空调（如建筑采暖、空调、通风、水泵、厕卫通风、车库通风、厨房油烟机等），还有服务热水及个别空间加热。LEED还倡导使用现场再生能源，促进、提高对就地再生能源自供水平的认识，以减低使用石化能源对环境和经济的影响。

酒店类建筑由于其舒适性需求，对于空调系统的覆盖率和性能要求较高，能耗也较大，因而空调系统优化的必要性尤为突出。另外，大量需求热水是酒店建筑的特殊性，因此采用合理措施生产热水有利于减少传统能源的消耗。同时，外围护节能、电梯节能、网络管理平台等措施在酒店建筑中的应用也效果显著。

1. 被动式节能策略

采用合理的建筑外围护节能措施可以降低空调能耗，例如青岛德国企业中心项目在设计和施工中严格控制建筑体形系数（0.16）和各个朝向窗墙比（均小于0.5），外窗采用Low-E中空三玻塑钢窗（5+15A+5+15A+5），综合传热系数为1.3 W/（m²·K），高于山东地区节能标准要求。酒店室外采用复层绿化，对建筑底层房间有遮挡太阳辐射的作用。三层和四层东向、西向、南向客房设有活动式外遮阳系统，夏季遮阳系数为0.44，采用手动控制，可根据房间内的热舒适和亮度自行调节。

2. 主动式节能策略

（1）空调节能

青岛德国企业中心设计有一套能量优化体系（EOS），会根据实时的系统负荷和外界的环境气候监测情况来调整不同的系统部件，从空调冷却塔风扇速度和频率控制、冷水机组频率控制和速度控制、冷水机组温度优化、新风机组风扇速度控制等方面最大化空调系统能量利用效率。

（2）电梯节能

电梯配重优化系统有助于降低用电能耗。现有的电梯系统的配重往往设置在一个确定的数值，例如在通常的电梯工业中，这个数值为轿厢承载能力的50%，也就是说，当轿厢中的重量等于50%可承载重量时，电梯系统将会以最少的电量完成运转。这种常规性电梯运转方式通常应用于住宅、办公楼、酒店和其他的商业综合体。然而，使用者的重量在不同的建筑类型中是不同的。早期的研究显示，在住宅建筑中的电梯配重设置为电梯轿厢承载能力的35%时将需要最少的电量[①]。香港SOHO假日酒店设计有一个全新的电梯系统，能够根据使用者的重量来调节电梯配重以达到节约电能的目的。考虑到电梯轿厢只在使用峰值时满负荷运转，该系统合理分配用能如下：在轿厢满负荷运载的高峰时段，使用者是电梯电能作用的对象；在其余时段，电梯配重则是电梯电能作用的对象。另外也可以使用离散配重块的方式来改变电梯的配重：能量状况监视器的监测结果显示，利用配重重量改变调节系统，将配重设置为电梯轿厢承载能力的35%，整个电梯系统的能源需求将减少13%。

（3）热水系统节能

酒店需要24小时供应热水，所以热水能耗是酒店运营成本汇总较大的部分。青岛德国企业中心项目地处太阳能资源较丰富的青岛，太阳能热水系统成为酒店热水系统的首选。酒店采用全玻璃真空集热管，集热器总面积600 m²，平均日产60 ℃热水量24 m³，太阳能热水保证率为60%。太阳能集热板设置在顶层，其与水箱之间采用温差循环的非承压系统。

相较于传统的使用加热丝的热水系统，香港SOHO酒店采用的热泵热水（HPHW）系统是利用两种流体间热量传递的加热方式。与锅炉的效率相比，热泵热水系统的能效比（COP）为3～5。由于热泵冷却机组可以为空调系统产生冷却水，因此通过同时产生热饮用水和冷却水的方式，节约能源效果显著。热泵热水系统需要额外增加热水存储房间、热水箱，适用于需要消耗较大量热水的酒店建筑。

（4）网络管理平台

网络电源管理、监控及分析软件能够检测酒店的能源需求，并且为管理经营者提供远程控制服务。香港SOHO假日酒店使用了该控制系统，只要使用一个网页浏览器就可以在世界任何一个地方查看酒店运行状态，任何不寻常的电能运用情况都会立刻触发报警。而且该系统可以自动生成报告书，或者提示问题出现的位置从而使得管理更加便利。

三、节水与水资源利用（《绿标》）vs.节水（LEED）

《绿标》要求合理利用非传统水源。对于住宅、办公、商店、旅馆类建筑，按照公式计算非传统水源利用率，相应给予评分。非传统水源利用措施有室内冲厕、室外绿化灌溉、道路浇洒、洗车用水。

LEED要求对于场址中或邻近绿化景观的浇灌取消采用自来水或其他自然地表、地层水资源；浇灌仅采用收集的雨水、再生的废水、灰水；场址内50%废水处理达到三级水标准，处理后的水必须就地渗透或就地使用。

相对于《绿标》，LEED更强调景观用水的非传统水源利用，并且对于废水的处理、排放和使用也有相应的要求。

青岛德国企业中心项目注重中水利用，将淋浴用水和盥洗用水加以回收处理，用于室内冲厕、冲洗地面、室外绿化浇灌等。最高日中水用水量达131.11 m³，最大时中水用水量11.96 m³。中水来源全部为区域内污废水。设计平均日收集水量217.52 m³，设计处理水量9.10 m³，设计运行时间全天24 h。

四、节材与材料资源利用（《绿标》）vs.材料与资源（LEED）

《绿标》要求建筑造型要简约，且无大量装饰性构件，倡导使用以废弃物为原料生产的建筑材料。

LEED要求提高地方化资源利用，降低因运输产生的环境影响；用快速再生材料替代稀有木材和长期生长材料的使用；推荐使用符合森林管理协会认证的木材。

绿色酒店应该根据不同的地形、地貌和生态环境系统，尽可能应用低碳材料为人们提供良好的环境。《绿标》体系强调在酒店建筑形成过程中使用绿色材料和高性能材料，并且节约使用材料。LEED从环境关系考虑材料的来源、回收材料就地施工、废弃材料的控制等。

对于酒店建筑而言，低碳环保材料除了回收再利用材料以外也可以是原生材料的形式或者废旧物品再利用的形式。原生材料是指没有特殊雕琢、存在于民间的、原始的、散发着乡土气息的材料，比如原木、原土、纯天然织物等。原生材料尤其在拥有独特自然资源的旅游度假酒店中被经常使用。南昆山十字水生态度假村酒店客房内的配套用品全部采用天然材质，如纯丝和纯棉的床上用品、竹子和木质材料的家具，摆件也大多由陶土和石器制成，此外作为艺术品装饰的还有石块、木头、树皮、羽毛、动物骨头、泥土等天然物品。莫干山的香巴拉生态精品酒店是由一个废弃的老农舍改建而成，使用了旧瓦片、旧木地板、混合泥土墙面涂料，在客房中大量保留了原有的原木结构，屋顶用竹木扎结铺设，栏杆用麻绳结网设计。美国的纳帕山谷盖亚酒店（Gaia Napa Valley Hotel）所有的笔都是采用生物可降解材料制成，所有的纸都是由可再生纸浆制成，充分做到废旧物品再利用。

五、室内环境质量（《绿标》）vs.室内环境质量（LEED）

《绿标》中对室内环境质量的要求包括室内声环境、光环境与视野、室内热湿环境、室内空气质量等方面。

LEED中要求的室内环境质量包括室内空气质量、吸烟控制、新风监控、低排放材料、照明、热舒适、采光和视野等。

两个标准的区别在于：《绿标》提出了室内声环境的控制要求；LEED 提出了对于吸烟控制的要求并且规定建筑内禁止吸烟或者设置专门吸烟区，吸烟区设置在室外，距离建筑入口、新风窗和可开启窗7.6 m之外。除此之外，在两个标准的描述中，绿色酒店的设计对于照明、光环境和视野的要求也较高。

青岛德国中心项目对于室内光环境进行了模拟分析。二至八层酒店客房部分Ⅳ级采光功能空间面积约为876 m²，其中约667 m²的采光系数达到了《建筑采光设计标准》（GB 50033—2001）中相关房间的最小采光系数要求，占二至八层Ⅳ级采光要求功能空间的76.1%。建筑地下层还设置了导光筒，使得地下层部分空间采光照度大于75 lx，减少了地下车库等区域的照明用能。

大连君悦酒店的场地布局周到地考虑了光环境和视野。项目位于星海广场的东南角，四层高的裙房容纳了高端酒店配套空间（报告大型宴会、商务会议、餐饮、健身和水疗设施），这些空间都朝向南面和东面，拥有开阔海景。建筑标准层的形态使得大量客房朝向海景（图2）。

六、创新和设计（《绿标》）vs.提高与创新（LEED）

《绿标》要求在建筑的规划设计、施工建造和运行维护阶段应用BIM技术。

LEED要求为设计人员和工程提供机会，以便他们因实现高于LEED-NC的要求和实现LEED-NC中尚未具体涵盖的绿色建筑创新性能而获得奖励分。

相比于LEED，《绿标》体系对于各个方面的提高和创新都有相应的分值，尤其对于BIM运用也给予明确规定。

BIM设计手段对于复杂酒店建筑形体的建筑创作和图纸设计都有很强的辅助作用。例如在北京通盈中心（酒店）项目中，设计团队利用Autodesk Revit平台绘制出建筑设计图纸和模型，每一处修改都会在图纸和模型上联动显示，减少由于复杂建筑形体所带来的设计困难。建筑立面六边形的幕墙系统也在BIM模型中得到精准绘制，为幕墙厂家深化设计提供了基准（图3）。

龙沐湾国际旅游度假村的八爪鱼酒店的设计过程中也充分利用了BIM手段。设计团队利用Rhino & Grasshopper对异形进行设计和处理，然后将形体以及嵌板信息导出到Excel里作为转换数据，在Autodesk Revit里通过二次开发将Excel数据导入，自动生成嵌板，完成可视化异形构件通过参数数据翻译的过程。BIM的应用创造了一个各设计方协同精益设计的平台。

结语

绿色酒店是酒店未来的发展方向，不仅满足消费者日益提高的消费要求，更是创建低碳社会的必由之路。所以，酒店应被引导朝着良性的绿色酒店目标发展，提高酒店建筑中"绿色"的比重。《绿标》和LEED系统，从单体建筑或整体环境出发，提出了绿色酒店设计、施工、运营管理的依据和方法。

注释

①详见Lam Chi-man Dante, Cheng Kwok-wai Gorman, So Ting-pat Albert于2006年4月完成的报告*Developing an Energy Conservation Solution Package for Lifts & Escalators of Hong Kong Housing Authority*。

参考文献

[1] 中华人民共和国住房和城乡建设部, 中华人民共和国国家质量监督检验检疫总局. GB/T 50378—2014 绿色建筑评价标准. 北京: 中国建筑工业出版社, 2014.

[2] 叶铭. 绿色节能技术在低碳酒店建设中的应用——以天津京蓟圣光万豪酒店为例. 中国房地产, 2015 (21): 55-59.

[3] 郭文波, 李戴洞桥, 姚健. 龙沐湾国际旅游度假区八爪鱼酒店的BIM实践与思考. 建筑技艺, 2014 (2): 60-65.

INTERPRETATION AND EXPRESSION OF REGIONAL CULTURE FOR SCENIC HOTEL DESIGN
风景区酒店设计的地域文化解读与表达

胡纹　王事奇 I Hu Wen　Wang Shiqi

随着我国人民生活水平的不断提高和节假日制度的改革，外出旅游度假逐渐成为一种社会时尚。在此种旅游大潮的影响下，风景区酒店建设如雨后春笋般在各地兴起，然而这种兴盛在带来经济效益的同时，也暴露出诸多问题：片面追求奢华，互相攀比，不以地域自身特点出发，盲目照抄，外观千篇一律，使本应能为风景区增色的酒店成了景区中的"败笔"。

一、消费性及文化性分析

在这个被称为"体验经济"的21世纪，旅游作为一种消费活动，已成为现代大众的一种休闲方式。旅游消费与其他物质产品消费的不同之处在于，它获得的是一种经历和体验，是一种文化享受。风景区酒店，顾名思义，是处于风景区内并能为风景区旅游人群提供住宿、餐饮等服务的场所。其消费性主要体现在人们为满足某种需求而进行的一系列消费活动。随着旅游业的蓬勃发展、人民文化素质的显著提高，传统的观光旅游已不能满足人们的消费需求，旅游的体验性和精神性需求开始受到人们的关注。为了获得这种体验性享受，消费者愿意支付更高的价格，因为这种体验型消费可以满足现代人求新、求异、求乐、求知的心理需求。这也使得地域文化因素在风景区酒店设计中占有越来越重要的地位。

在全球一体化的大趋势下，生产和生活方式渐趋相同，差异和特色愈显可贵。风景区的地域差异造成了文化层面的差异性，这也正是风景区所独有的、现代人所追求的。在这样一种差异性文化背景下，风景区酒店作为风景区环境的组成部分，不仅是为人们提供住宿、餐饮等各种服务的场所，更应成为展示地区文化的窗口、演绎传统风俗的舞台。同时，酒店建筑还应与当地历史环境、文化背景等保持整体联系，使历史环境与地区文脉得到进一步的保护和延续。

综上所述，通过对风景区酒店消费性和文化性的分析，不难发现，地域性设计是现代风景区酒店建设的一种重要发展方向。如何通过设计将酒店转换成为地域文化的载体，构成旅游者经历体验中的重要组成部分，从而满足现代人的消费心理需求，这无疑将是设计时我们所需面对的一个重要问题。下文笔者将通过剖析多个风景区酒店设计案例，解读风景区酒店设计中的地域性创作手法。

二、地域文化的解读与表达

1. 地域文化解读

地域文化是在一定地域范围内长期形成的历史遗存、文化形态、社会习俗和生产生活方式等，是一种从古到今的文化沉淀。在度假酒店设计中再现这种文化沉淀，主要有两种设计手法：

第一种设计手法是原生自然式。它是在地域文化相对丰富的区域内，选择一座最为典型且交通也比较便利的村落进行打造，除建设酒店必要的基础设施外，几乎没有进行其他的加工改造，设计者原汁原味地保留了村民自然生活和生产的状态及村落的自然形态。置身其中，游客除欣赏自然风光之外，还能身临其境地体会到与现代都市快节奏生活完全不同的全新生活方式，同时也能缓解日常生活的压力，放松身心、获得愉悦。坐落在香格里拉的仁安悦榕庄（图1~图5），是拥有15套单卧室的藏式牧舍，每栋别墅均由悦榕集团亲自挑选购买藏式农舍，经过巧妙的拆迁和新建，于仁安河谷新址处以原木打桩而成，其精妙扎实的建筑模式沿袭了藏式传统风格，确保了当地原有自然风貌的完整性。别墅内摆满了各种精美的藏式工艺品，并与色彩艳丽的编织毯和窗帘相互呼应，使整座建筑从内到外都充满了浓郁的地域特色。

用现代设计手法诠释传统元素是第二种设计手法。这也是一种在风景区酒店设计中应用较多的方式，它不是传统文化的复古设计，而是在现代设计风格中融入传统元素；它不是"1 + 1 = 2"的简单堆砌，而是设计师对各地不同民俗文化、地域历史遗留下的名胜古迹及具有代表性的文化遗迹的整理，并提炼出独具特色的造型加以运用，从而使酒店彰显出别具一格的地域文化特色。在重庆武隆仙女山华邦酒店改扩建项目中，为了突出地域特色，我们从当地土家民居的原生建筑形式中提取穿斗式屋架、转千子、披檐、窗花等元素，并对其进行再创造后运用到新建筑中（图6~图9）。在建筑材料的选择上仍沿用老建筑所使用的当地石材和传统砌筑工艺，这样就使新老建筑巧妙地结合在一起，并融入周围环境。

2. 地域文化表达方式

通过对以上两种设计手法的解读，笔者认为风景区酒店设计主要是通过三种重要的设计要素——符号、材质、色彩来诠释传统的地域文化。

首先是符号。从某种角度上说，体现酒店地域文化首先解决的问题就是形式创造。不同的民族背景、地域特征、自然条件、

1

2

3

4

5

历史时期所遗留的不同文化造成了世界的多样性，这使得每个地区的地域文化均具有较强的可识别性。在风景区度假酒店设计中，设计者通过对当地地域文化中传统元素的分析、分解和重构，从而得到一种更为简约、深刻且更具代表性的文化符号，并将这种符号在设计中加以运用，以联想和隐喻的手法再现传统的人文精神。如丽江"悦榕庄"项目，位于终年积雪的玉龙雪山脚下，这里有优美的自然景观和悠久的纳西族文化传统，设计师秉承"兼容并蓄，博采众长"的设计思想，认真研究当地传统文化，努力吸取本地建筑语言符号的精髓，并加以提炼和升华，将其应用到建筑方案的细部设计中。如本项目中两坡屋顶的设置以及精心提炼的窗格门及窗扇、入口照壁、檐下雀替、石级台阶等均以一种写意的手法体现出对当地地域生态文化的传承（图10，图11）。

其次是材质。材料是体现酒店地域文化特色的另一要素，这不仅是源于人们内心对地方材料的偏爱，也是人体会归属感和地区感的依托。地方材料与传统工艺的结合，更满足了人们的情感需求。武隆仙女山华邦酒店位于重庆武隆县仙女山国家森林公园内，基地属喀斯特地貌区域。为了更好地体现建筑的地域特色，并使其融入自然，设计师多次在场地附近的山区寻找适合于酒店的外墙材料，并与当地石工商榷石材的加工方法，最终选定以当地一种随处可取的石材为主要建筑材料，结合现代石材加工工艺拟定出多种石材的贴面风格，力图用传统的石材砌筑方式表现现代建筑的精美工艺。同时，又因石材粗犷而富有质感的特性，使其充分体现出当地建筑的特点，与风景区所处的喀斯特地貌和环境色彩遥相呼应。又如香格里拉仁安悦榕庄的围墙，采用当地石材砌筑，以一种大小不一、看似随意的方式堆砌在一起，与酒店的净面外墙形成鲜明对比，充分体现出藏式建筑的独特风格。

最后是色彩。在色彩设计方面，民族、地理、宗教、习俗的差异，塑造出不同的建筑文化内涵，从而彰显不同区域建筑的地域化特征。风景区度假酒店在色彩设计方面应抓住当地传统的色彩习性和色彩本身所具有的强烈感染力，充分体现出当地的地域文化特征。香格里拉仁安悦榕庄的设计不仅使建筑在外观上与周围环境相协调，在室内色彩设计上也与当地地域文化相呼应。酒店室内从家具到各式装饰品也均以红黑为主色调，再配以色彩艳丽的藏式编织毯，使整座酒店色彩统一又不失个性，使人很容易就联想到了藏族的传统民居，尽显浓郁的地域特性。

三、结语

改革开放三十年来，依靠我国辽阔的疆域、丰富的自然资源等有利条件，旅游业得以飞速发展。与城市酒店不同，风景区度假酒店所处的地理环境和自身的风格定位使其不能像城市酒店一样标准化地到处复制。它应在满足基本功能外，更多地与其所处的地理环境和人文环境产生共鸣，使人们体验到一种场所感和归属感。

一座优秀的风景区酒店已不是单纯食宿的驿站，也不再是奢华的城市酒店，而应是能为度假者创造一处能与自然和人文环境产生共鸣的场所。就如建筑师阿尔瓦·阿尔托所说："有人认为建立新形式的标准化是走向建筑和谐的唯一道路，并且能用建筑技术成功地控制。而我的观点不同，我要强调的是建筑最宝贵的性质是它的多样化，并能联想到自然界有机生命的生长，我认为

6   7

8   9

10   11

这才是真正建筑风格的唯一目标。如果阻碍朝这一方向发展，建筑就会枯萎和死亡。"

参考文献

[1] 卢济威，王海松. 山地建筑设计. 北京：中国建筑工业出版社，2001.

[2] 马波. 现代旅游文化学. 青岛：青岛出版社，2003.

[3] 尹世杰. 中国旅游消费的发展趋势. 求索，1999（6）：4-7.

[4] 齐康. 风景环境与建筑. 南京：东南大学出版社，1989.

[5] 杨宝祥. 生态文化与山地旅游宾馆设计. 重庆：重庆大学，2007.

[6] 刘石磊. 风景旅游区度假酒店设计的地域性表达. 大连：大连理工大学，2008.

6 华邦酒店原有建筑
7 华邦酒店改扩建项目——客房外景
8 华邦酒店改扩建项目——入口效果
9 华邦酒店改扩建项目——丰富的建筑形态
10 丽江悦格庄——两坡屋顶
11 丽江悦格庄——入口照壁

设计作品

DESIGN WORKS

BELLA SKY HOTEL, COPENHAGEN, DENMARK
丹麦哥本哈根贝拉天空酒店

3XN建筑事务所 I 3XN Architects
李健美 译 I Translated by Li Jianmei

项目名称：贝拉天空酒店
业　　主：贝拉会议中心
建设地点：丹麦，哥本哈根
设计单位：3XN建筑事务所
合作设计：GXN
用地面积：4.2 hm²
建筑高度：76.5 m（23 层）
项目负责人：Kim Herforth Nielsen
建筑设计：Kim Herforth Nielsen, Jan Ammundsen, Kasper Guldager J
　　　　　rgensen, Marie Hesseldahl Larsen, Henrik Leander Evers,
　　　　　Paul Mas and Antoine Ceunebroucke Bk Group
结构设计：Rambll
灯光设计：Scenetek
装置设计：Totalproduktion
设计时间：2008年
建成时间：2011年
图纸版权：3XN建筑事务所
摄　　影：Adam Moerk

　　作为斯堪的纳维亚半岛最大的酒店，Balla Sky的开幕不仅成为哥本哈根现代化的Ørestad地区的象征，更彰显了该市在国际会议组织方面日益重要的地位。在哥本哈根任何角落都可领略到的雕塑般的造型，使它成为该地区的地标，吸引了众多游客前往Ørestad地区。

　　Bella Sky酒店拥有814间客房和30间会议室，为哥本哈根Bella会展中心提供了大量新的住宿空间和资源，将使哥本哈根有能力承办更大规模的国际会议和活动。两栋高度为76.5 m的塔楼朝不同方向倾斜了惊人的15°（比萨斜塔才倾斜4°），吸引着众人的目光。

　　3XN的创始人兼首席设计师Kim Herforth Nielsen称："我们试图为哥本哈根设计一座与众不同的建筑，Ørestad是哥本哈根一个与众不同的地区，Bella Sky酒店正以积极的方式反映这一特点。"

　　3XN也参与了酒店大部分的室内设计，Nielsen先生表示："大部分国际会议酒店的风格都比较刻板而且没有人情味，我们则反其道为之，在Bella Sky酒店的内部设计了带有斯堪的纳维亚风情的房间，充满着温暖和阳光，并与自然交融。"Bella中心主管Arne Bang Mikkelsen先生很高兴Bella 会议中心增加的远不仅是这两个塔楼，他说："这个建筑地标成为哥本哈根和Bella中心的象征，它独特的外形和内部便利的设施使人们无论在室内外都拥有了无与伦比的体验。酒店强烈的雕塑感使我们决定不用任何的外部标志，建筑就是它的标志。"

　　塔楼之所以倾斜设计是基于特别的原因。分别向不同方向倾斜是为了确保两栋塔楼的两侧房间都能看到Amager Common公园和酒店附近哥本哈根的城市景色。Kim Herforth Nielsen 说："Ørestad地区有一些绝好的景色，因此在设计中找到一个使每间房都能看到美景的解决办法十分重要。倾斜的塔楼使位于平面四角的房间能够尽览周围景色，给人一种漂浮在景色之上的错觉。当然，在酒店的空中酒吧能够欣赏到最棒的景色，而且酒吧对公众开放！"

1

1 酒店外观

2

3

2 倾斜的塔楼
3 惊人的倾斜角度

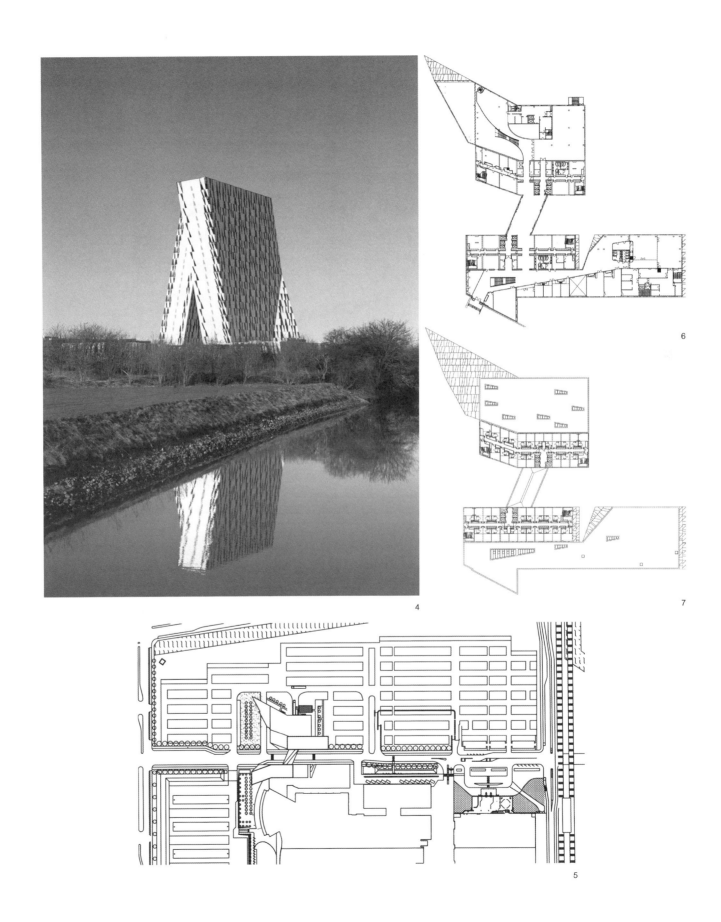

4 蓝白相间的像素外表
5 总平面
6 一层平面
7 二层平面

8

9

10

8　大堂吧
9　SPA
10　客房

11

12

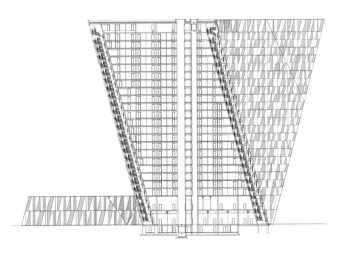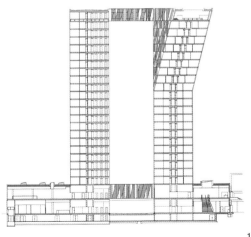

13

11 大堂
12 酒吧
13 剖面

HOTEL LONE ROVINJ, ISTRIA, CROATIA
克罗地亚罗维尼龙尔酒店

3LHD建筑事务所 I 3LHD Architecture
钱辰伟 译 I Translated by Qian Chenwei

项目名称：龙尔酒店
业　　主：Maistra d.d.
建设地点：克罗地亚，罗维尼
设计单位：3LHD建筑事务所
用地面积：2.22 hm²
建筑面积：29 476 m²
建筑设计：Silvije Novak, Tatjana Grozdanić
　　　　　Begovic, Marko Dabrovic, Sasa
　　　　　Begovic, Ljiljana Dordevic, Ines
　　　　　Vlahovic, Zeljko Mohorovic, Krunoslav
　　　　　Szorsen, Nives Krsnik Rister, Dijana
　　　　　Vandekar, Tomislav Soldo, Ana Deg

合作设计：Margareta Spajic, Ana Coce, Dragana
　　　　　Simic, Sanja Jasika, Eugen Popovic,
　　　　　Leon Lazaneo, Ljerka Vucić
结构设计：Hrvatski institut za mostovei
　　　　　konstrukcije-Milan Crnogorac
设备设计：Termoinzenjering-projektiranje d.o.o,
　　　　　Projekting 1970 d.o.o.
景观设计：Studio Kappo
设计／建成时间：2006年9月／2011年7月
摄　　影：3LHD建筑事务所, Cat Vinton,
　　　　　Damir Fabijanic

　　龙尔酒店（Hotel Lone）是克罗地亚首座设计酒店，落户于罗维尼（Rovinj）最著名的旅游景区穆里尼山（Monte Mulini）森林公园之内，毗邻极富传奇色彩的伊甸园酒店（Eden Hotel）以及全新的穆里尼山酒店。周边地带及园区区位独特，属于龙尔湾（Lone Bay）界内穆里尼山林区保护地带。

　　之所以被誉为"设计酒店"，是因为龙尔酒店将被打造成一座融汇趣味性与功能性的概念酒店。其方案由克罗地亚知名的新生代建筑设计师、概念派艺术家以及产品、时尚和视觉设计师合作完成，3LHD事务所的建筑师主要负责酒店的建筑设计及施工工作。除总体建筑设计外，建筑内部装修及设施也经过精心的设计和挑选，力求彰显建筑的别具一格：来自Numen / For Use事务所的设计师完成了酒店室内设施及家具的设计；酒店员工制服及其他纺织品的设计工作则由时尚设计工作室I-GLE承担；艺术家Silvio Vujii为酒店房间专门设计了别致的纺织品图案；酒店大堂陈列品由一组艺术家合作完成（包括Ivana Franke的"魅影空间"、Silvio Vujii的"空中花园"以及I-GLE工作室的1、2、3号纹理组合）；Studio92工作室负责健康水疗中心的设计；Studio Kappo承担了酒店的景观设计；Bruketa & Žini OM机构的任务则是构建并监督酒店的整体形象和品质。

　　酒店设有236间客房和12间套房，其中16间客房配有独立的阳台按摩泳池，能够满足不同客人的入住需求。双床、套间等不同房型也适合家庭入住。酒店内有3家餐厅、2间酒吧、1个爵士乐俱乐部和1个迷你俱乐部。酒店的顶级会议中心包括4间报告厅、若干个会议室以及1间贵宾休息室，休息室内不但先进设备一应俱全，而且还设有吧台。酒店底层有1间健康水疗中心，除大型

泳池外，还设有健身房、按摩室，休闲区备有氧吧、桑拿及水疗按摩池。

　　建筑的外部设计彰显酒店的整体形象，犹如倾斜的游艇甲板的阳台设计使立面呈现十分醒目的水平向线条。建筑楼面向上逐层退让，形成向上收缩的立体造型。建筑基址地形复杂，高差较大，室内各层公共空间及套房必然采取动态混合式布局。Y字形平面实现了合理且满足功能使用的管理计划，既保证了所有客房拥有优质的景观视野，又巧妙地将各项公共设施环绕通高的中央堂布置。由大堂可通往各层公共空间，身处其间可一览酒店内部所有重要功能的运行。

　　3LHD会同来自Numen/For Use事务所的设计师，选取周边环境作为酒店视觉元素，来定义室内景观。基于这一想法，酒店房间的墙面以随机布置的镜面装饰，反射外部光线及地中海的植被景观入室内，颇有移花接木之感。郁郁苍苍的植被同样反射在公共空间天花的光亮表面，强化了内部空间周边环境的感知。

　　大堂明亮、开放的空间覆以纯白色石材表面，辅以金黄色织物，夹层护栏及家具的椭圆线条强化了空间的流动感。相对私密、色调柔和的客房区与此形成对比，氛围更为平和，多采用木材和地毯等让人有温暖感的材料，装饰色调和照明较暗。从餐厅的水流薄幕到客房动态而富于功能性的墙面材料，再到大厅浓墨重彩的壁画，无不体现着酒店以对比和织物作为主题的整体设计。

　　坚持这一设计理念是为了避免大多数酒店设施设计乏味的现象，因此设计应用纹理多样的纺织品和喷涂环保漆的高品质橡木贴面，在视觉和触觉上具有原生纯木的效果。通常而言，这样的

1

1 酒店全景

选材会显得装饰过于乡土，但本项目通过现代的设计手法和纯粹、清晰的覆板形状整合墙面和空间为谐调的整体，进而延伸至家具的设计中。

概念设想在酒店设计和室内装饰中的实践表达了对一个世纪前亚得里亚海岸酒店建筑卓越成就的景仰，设计者融入更强的现代性于其中（主要体现在材料、功能和类型上），最终创造了匠心独具的建筑形式。

2

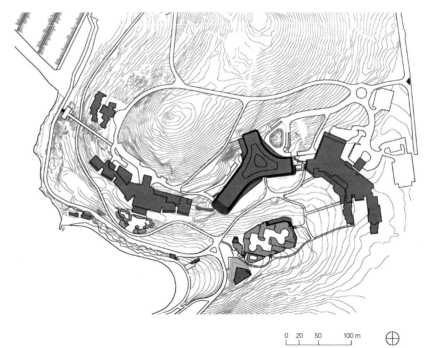

3

2 立面呈现醒目的水平向线条
3 总平面

4

5

1 大堂
2 接待
3 行政办公
4 餐厅
5 VIP休闲区
6 会议室
7 小门厅
8 咖啡厅
9 卫生间
10 设备区
11 客房
12 楼梯间
13 服务用房
14 露台
15 主入口
16 次入口/出口

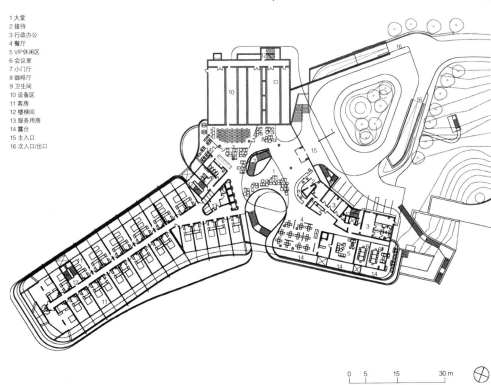

0   5   15   30 m

4 休闲露台
5 餐厅
6 一层平面

6

7

7 阳台

8

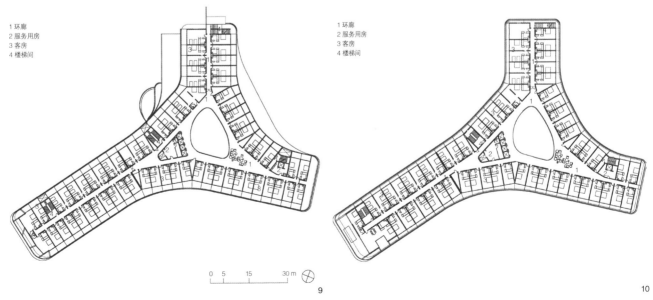

1 环廊
2 服务用房
3 客房
4 楼梯间

1 环廊
2 服务用房
3 客房
4 楼梯间

8 环廊
9 二层平面
10 四层平面

0 5   15   30 m

9

10

INTERIOR DESIGN OF HOWARD JOHNSON RESORT SANYA BAY, CHINA
三亚国光豪生度假酒店室内设计

YAC（国际）杨邦胜酒店设计顾问公司 | YAC Yang Bangsheng（Internation）Hotel Design Consultants Ltd

项目名称：三亚国光豪生度假酒店

建设地点：三亚市，三亚湾路

酒店管理：温德姆国际酒店集团

室内设计：YAC（国际）杨邦胜酒店设计顾问公司

建筑面积：11万m²

材料应用：大理石、木材、玻璃等

项目负责人：杨邦胜，黄胜广

客房数目：全海景房（1160间），度假海景房（38套）

设计时间：2007年

建成日期：2008年

摄　　影：贾方，陈已，文宗博

三亚国光豪生度假酒店位于椰风碧海的三亚湾，面积达11万m²。作为海南最大最具代表性的五星级休闲度假酒店，应通过别致的内外部设计，展示本质且深刻的精神内涵。设计团队运用原木材料、黎族元素、大地色系等外部印记统一酒店基调，贯穿始末。移步换景，酒店的各个空间都展露着当地的特色文化。

一、以海南黎族文化为设计理念

酒店常常与所在城市的人文环境存在一种文脉传承的关联。酒店的设计理念应尊重所在城市的文化，将建筑演化成一个可感知的城市符号，拓展并承接城市的文化内涵与外缘。因此，设计团队将亚洲风格与海南黎族文化相结合，使中国地域文化以一种现代的表达方式出现。黎族是海南一个极具地域独特历史印记的民族，因此从黎族文化的精髓中能够提取出最具代表性的设计元素，在空间中穿插、对比、融合，所产生的张力，能够引起宾客共鸣，在视觉上产生对黎族文化的另一种解读。比如酒店内的总台背景融入了黎族铜鼓的图案、将黎族图腾的木雕引入作为全日制餐厅内的高柱、顶级SPA内置入黎族用品用具等；还有寮屋、渔具、古木船等元素的运用，都向外界传达着空间所蕴含的内在精神。这种独辟蹊径的设计手法，使空间处处流溢着黎族文化的韵味。

二、融于自然的度假居住体验

三亚国光豪生度假酒店拥有丰富的多功能组合，能为宾客带来全方位的视觉、心理享受，这种享受是远高于"宾至如归"的

一种感觉。从整个空间布局上来看，通过分散与集中相结合的手法，使空间密度平衡，布局清晰且层次分明；其次再通过调整室内各空间高度，使功能分区错落有致，在保持建筑交通体系完整性的同时，满足了划分功能区域的要求。

为了进一步强化"度假"的轻松氛围，通透、开敞的感觉必须贯穿始末。三亚国光豪生度假酒店所处的三亚湾自然资源十分丰富，因此在设计中将室内外的人造与自然情景相融合成为设计的关键。其中"窗"起着相当重要的作用。有了"窗"，建筑的室内与室外就能够产生交流与沟通，窗能够连接空间，给人通透、开敞的感觉。通过延伸这种"窗"的手法，采用大量镂空木栏以及大开合的落地门栏来连接室内与室外。内外通透，窗外海景最大化的同时，绵延的椰林美景也能尽收眼底。室内空间的选材用料更是注重自然特质与环境的融合，让人感觉亲和舒适。

除了大量运用"窗"的设计手法之外，设计团队还在空间里部分使用了镂空木质的屏风，这样在保证个人空间私密性的同时，又享受到大空间的共融性及开放性。还借助了酒店临海的优势，通过把面海的公共空间转换成过渡空间，形成室内外环境互相交融的半开敞空间，确保所有宾客都一览窗外的美景。此外，颇具生态特色的灯具、藤制桌椅等软装的点缀，也让度假的放松感在空间中被强化。

三、海南本土材质的选取运用

如果三亚国光豪生度假酒店采用了异地生产的材料，那就无法将海南黎族文化演绎极致。因此在选材上必须萃取地方精华，

2

3

2 户外水景
3 泳池区

4

4 全日制餐厅

让文化潜藏于材质。设计团队挑选出海南本土生产的火山石材，运用于卫生间墙体、公共区、花坛、立面等；还将海边古木船的碎片回收再利用，用于总台背景中，在节约环保的同时传承当地文化；别墅及总统套房的天花，以草屋的部分元素作为悬挂装饰，渲染出生态氛围；考虑到当地较潮湿的气候特点，还特别选取了防潮防水的柚木以及菠萝格……多种材质的运用，让酒店形成由地域带来的自然而朴实的独特魅力。宾客居于此地，就能直接感受到自然的宁静与平和。

5

5 大堂

6

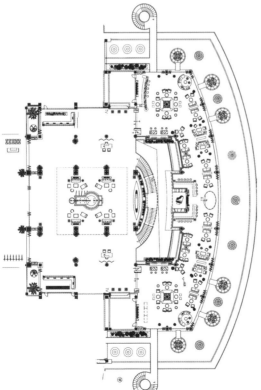

7

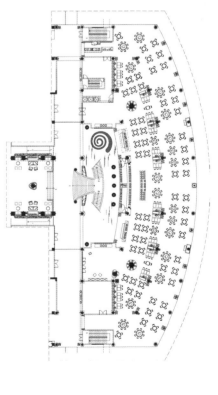

8

6 入口大堂
7 大堂吧平面
8 中餐食街平面

STARHILL GALLERY, KUALA LUMPUR, MALAYSIA
马来西亚吉隆坡升喜购物广场外立面重建

思邦建筑 I Sparch
李健美 译 I Translated by Li Jianmei

项目名称：马来西亚吉隆坡升喜购物广场
业　　主：吉隆坡升喜购物广场
建设地点：马来西亚，吉隆坡
设计单位：思邦建筑
建筑面积：2 000 m²
材料应用：轻型不锈钢，石材，玻璃
项目负责人：Michael Gibert
建筑设计：Darmaganda, Kim-Lee Tan,

Sevena Lee, Wenhui Lim
本地建筑师：A. Mariadass Architect
结构设计：RFR Shanghai
设备设计：Syarikat Pembenaan Yeoh Tiong Lay
　　　　　Sdn Bhd (SPYTL)
设计时间：2010年
建成时间：2011年
图纸版权：思邦建筑

　　以奢侈品店和雅致餐厅遍布著称的升喜购物广场也许是吉隆坡最具代表性的购物中心，思邦承担了其朝向武吉免登（Bukit Bintang）大街立面重建工程的设计。设计师、思邦创始总监Stephen Pimbley说："与吉隆坡其他面朝街道的购物广场不同，升喜购物广场与周围公共区域紧密连接，并以巨大的橄榄球形状沿武吉免登大街形成有效的视觉联系。我们为升喜购物广场设计了一个灯塔，强调它与城市之间的关系。"

　　设计着力打造开放的建筑立面形象，连续的店面将原有建筑包裹在玻璃和石板构成的水晶状外墙里吸引着众人前往。新的立面就像古希腊和古罗马雕像的"未干的褶皱织物"和升喜购物广场中正在出售的精致礼服。实体与通透的对比将原有建筑的沿街立面完全改变，赋予建筑全新的现代属性，从而使其从周围快速建造的众多购物中心之中脱颖而出。

　　升喜购物广场是马来西亚首个应用轻钢、石材和玻璃建造外墙的项目，这也得益于法国工程师公司RFR领先的外墙技术支持。

　　设计将原来位于升喜购物广场入口的咖啡馆空间改造为三倍高度，并将这代表性区域提供法国奢侈品牌零售商LVMH及其旗下化妆品品牌Sephora使用。作为回应，Sephora通过二层插入新水晶立面的廊桥与升喜购物中心相连。

　　思邦和YTL慎重地选用最好的材料精心塑造了复杂的建筑表皮，以回应升喜购物广场所处区位以及对吉隆坡街道景观的重要意义。同时高档品牌/产品与独特的购物体验之间的确有着不可否认的协同作用。

1

1 玻璃与石板构成的水晶状
  外墙

2

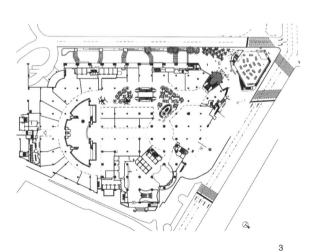

3

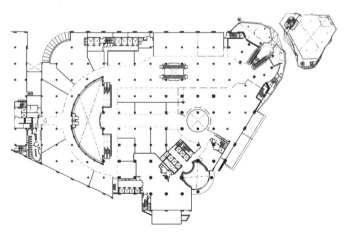

4

2 Sephora零售商店
3 一层平面
4 二层平面

MOONBAY STREET, SUZHOU, CHINA
苏州月亮湾星月坊

罗振宇　蔡晟 I Luo Zhenyu Cai Sheng

项目名称：苏州月亮湾星月坊
业　　主：中新苏州工业园区开发集团股份有限公司
建设地点：苏州市，月亮湾商务核心区
设计单位：AAI国际建筑师事务所
用地面积：1.5 hm²
建筑面积：14 800 m²
结构形式：框架架构

材料应用：石材，铝板，玻璃幕墙
项目负责人：蔡晟
建筑设计：蔡晟，罗振宇，张海涛，钟晨，李烨等
设计时间：2009年
建成时间：2011年
图纸版权：AAI国际建筑师事务所

星月坊项目所处的独墅湖畔月亮湾商务核心区，未来将建设大量高档写字楼、宾馆等，以完善科教创新区的办公、展览、文化、休闲等功能，从而带动整个区域基础配套功能的升级优化。

设计之初，建筑师对项目的商业策略进行了较细致的研究分析。作为区域内率先开发的商业项目，星月坊一方面坐拥得天独厚的先发优势，另一方面其大量客户都潜在于未来，因而如何对其准确定位就显得很重要。项目原来定位以丰富业态作为对街酒店的配套设施，但1.5 hm²的用地面积如仅作为配套，自身运营必成难点。

用地周边近期已建大学城及部分居民区，且月亮湾已成为苏州新的景观中心吸引众多市民前往休闲。从长远而言，周边将出现更多办公、公寓、酒店等设施，拥有一定的潜在消费群；就自身而言，用地狭长，面积不大，如以一种主力业态出现，可吸引周边2～3 km范围内的人群。

于是，一个中小型结合、中西合璧的多元化特色餐饮区方案浮出水面。通过餐饮的群聚效应，不仅可以最大可能地吸引当前有限的消费群体，树立品牌形象，而且为今后大量消费群的到来做好准备，并将在很大程度上解决上班族用餐问题。

为了将上述概念有效落实，我们确定了如下设计策略。

首先，将主入口设于东侧，沿着进入月亮湾的主通道、面向大学城方向设置大尺度中型主力店（以连锁店为引入目标，力争以其品牌声望吸引过往人群），同时，结合立面、景观设置招牌，体现整个商业内容，吸引过客。

其次，基地中央正对酒店中轴设计开放广场，既强化了月亮湾总体规划中的向心引力，又将成为吸引酒店住客的次主力。

再次，在基地尽端设计一个下沉广场，安排较高档的主力餐饮店。

相应的，在餐饮模式上，从入口至中央广场，设置西餐、速食，以满足过往及一般酒店和商务人群的需求；从广场至端头一段，相对远离人潮，设置中餐、特色餐，以吸引高端商务宴请。

基于以上对于业态的引入设想，建筑体量呈大一中一大分布，其内部开间和尺寸相呼应；在空间上，因总体狭长，且外部资源不足，放弃设置低档商铺的想法，而考虑以内为主朝向来聚集人流；形式上，入口至中段多采用出挑的二层平台，底层架空，构筑出聚合人气的空间。

建筑以石材、铝板、玻璃幕墙相结合的标准化的立面基本模块，与整个月亮湾建筑群及对街酒店相呼应。局部平面通过前后进退形成交错，增加了建筑的趣味性；广告牌的设立成为今后商业自身的特色，也保留了发挥个性的余地；内街中央两侧3层的建筑体量辅以全玻璃幕墙，强化了东西、南北两条轴线的存在感；下沉广场的彩色玻璃幕墙和景观楼梯使其成为整个区域的亮点。

设计过程结合基地形状，从业态出发合理规划，全力打造重点部位，其余通过控制协调，为今后发挥个性做好准备。项目尚在建设之时便已成功地大面积出租，印证了设计策划的合理性。建筑师不仅是艺术家，也应承担社会责任。此项目虽小，但通过建筑师的努力，为该地区今后的发展带来基本的解决之道，亦可谓惠及一方民生，建筑师的小小成就感也便由此而生。

1 商业区入口
2 街区小品
3 A号楼近景

4

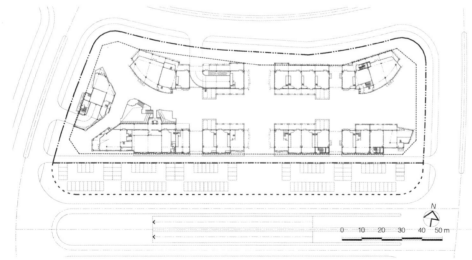

5

4 沿街立面
5 总平面

6

7

6 连廊
7 下沉广场

ZHENGZHONG GOLF CASTLE HOTEL AND CLUB, SHENZHEN, CHINA
深圳正中高尔夫隐秀山居酒店及会所

王兴田　李新娟　陈超 I Wang Xingtian　Li Xinjuan　Chen Chao

项目名称：正中高尔夫隐秀山居酒店
建设地点：深圳市，龙岗区，正中高尔夫球会园区
业　　主：正中置业集团有限公司
设计单位：日兴设计·上海兴田建筑工程设计事务所
建筑面积：37 584 m²
结构形式：框架混凝土，部分钢结构
主创建筑师：王兴田

建筑设计：杜富存，李新娟，陈超，王刚
结构设计：史佰通，杨婧，王迎选
设备设计：韩书生，陈为亚，王淑利，陈伟
室内设计：徐迅君，王辉，莫松
景观设计：大桥稿志，陆琳，郑晓霞，左春华
设计时间：2008年8月
建成时间：2011年8月

隐秀山居酒店

正中高尔夫隐秀山居酒店是集娱乐、商务、会议、接待等功能于一体的休闲度假酒店，建于深圳市龙岗区正中高尔夫球场园区西南侧，紧邻龙湖和高尔夫球场，基地内自然环境优美，为酒店品质的提升创造了条件。建筑师把"土""木"作为设计构思源泉，以建筑与自然相和谐的环境营造为目标，提炼和融合地域特征，以得体的尺度把建筑嵌入环境中，将回归自然的元素始终贯穿于设计中。

酒店总建筑面积3.76万m²，主体6层，由大堂及公共服务、餐饮、康体娱乐、会议、客房、后勤服务及设备用房6部分组成。酒店主入口采用木构材料沿纵、横两个方向均形成27 m的大跨度空间，形成平面为中轴对称的五边形，建筑平面以此为中心向东、西两侧有节奏地沿折线形展开。建筑首层均为公共活动的大空间，大堂西侧设有会议室、VIP接待室、商务中心等，东侧主要设有商店、西餐厅、宴会厅（设有独立出入口）等。二层以上主要为酒店客房，共有210间，分设标准客房、豪华套间、无障碍客房等，顶层设有行政接待厅，其客房为跃层空间，最东侧是总统套房。

为使客房获得更好的景观和视野，设计中利用首层顶部夹层进行结构和设备转换。折线形平面加之结构的转换，使客房与主体结构柱网形成角度，并将客房的柱网开间减小，使结构柱墙一体化。建筑师通过建筑空间立体交错的方式解决了景观、结构、设备和建筑大小空间倒置等矛盾，获得更简约的客房空间效果。为获得更好的自然通风和采光，面向球场景观面单侧布置客房，宾客即使在走廊中行走时也可感受到大自然的气息。面向高尔夫球场一侧的客房阳台上特别设置了室外浴缸，宾客在沐浴时还可

以欣赏高尔夫球场的景象，十分惬意。

建筑师利用原有的坡地地形，将室内游泳池、健身房、美容美体、SPA及后勤服务、厨房等约6 000 m²的面积设计成半地下空间，充分利用地形高低差获取自然采光和通风，在减少地面以上建筑体量的同时提高了建筑的节能减排效率。

酒店整体造型简洁、轻巧，金属屋面舒展、飘逸，层层错落有致。建筑外墙底层局部采用当地石材，其余则使用与大地土壤色近似的涂料，通过工匠手工操作的涂料肌理，让细节更富有情趣，表达"土"的古朴和回归自然之匠心。

用地被高尔夫球场园区自然山丘三面环绕，因此设计对原生态植物进行梳理整合，减少人为造作，以求朴拙天然趣致的天工之效。建筑师还通过内外空间的联系和过渡，在首层设置多处大面积的平台与室外绿化相连接，退层的平台设置屋顶绿化，弱化了自然向人工的转换，建筑好似从泥土中生长出来。设计从构思到每一个细节的处理，都贯穿了对自然环境的尊重和合理利用这一宗旨。期望关爱环境、回归自然的设计用意，让每一位莅临的宾客在与自然交融中休闲放松，获得心境的平和。

会所

基地内青山延绵，鸟语花香，空气清新，紧邻的龙湖水库更是碧水涟涟、清澈见底。建筑师认为将近万平方米的建筑体量全部布置在地面，无论如何都会给环境空间带来压迫感。因此，设计根据地形、地貌将建筑体各功能体量分类、分块组合，将更衣、淋浴及内部管理服务、厨房、设备房、球车库等近50%的面积设在地下，使地面上看到的建筑体量大大减少，并将各功能块分类组合成若干体量和空间，以适当的尺度融入自然环境中。

1

会所沿垂直于湖体的中心轴弧线展开，各活动空间穿插布置于两翼，沿湖面水平延伸。通过对三大功能体块平面的转折处理，使用者在室内拥有270°的景观视野，眺望波光粼粼的水面和层层叠叠的绿岛山峦，欣赏如水墨画般意境的自然风光。建筑师在首层用一条水平延伸的弧线将细分、错落的建筑连贯统一，舒展自由，渐融于地势。

结合场地现状，分设来宾、内部服务以及球车三股车流，利用地势构成互不干扰的动线体系。后勤及球车库的道路沿缓坡进入建筑地下。出发点设在湖畔的木平台上，这也使本会所成为目前国内少有的将出发台设在滨水的球会之一。

整个建筑的公共功能由三部分组成：餐饮、休闲等直接与自然交流的透明空间，更衣洗浴为相对封闭的不透明空间，以及接待、出发等直接在室外且需遮阳、避雨的"混沌空间"。室内外界线模糊的"混沌空间"是全天候适应亚热带气候特征的空间形式之一，也是高尔夫运动室内外空间过渡所必需的流动空间，让使用者在能直接触摸到大自然的空间中等候、集合、出发以及茶憩休闲。建筑物的二层设计了穿越大堂、连接南北两侧的"桥"，也成为建筑内一个有趣的观景点。穿越桥下的是主视野轴，这条轴线向前延伸至水面直至远处水中的小岛，与自然景观

和建筑一起构成完整的、合理有序的空间层次。场地设计完全保留了基地内的大树、植被和地形，并对原有景观系统加以补充、优化，尽量不留痕迹地将自然朴实的原生态景观性格保留下来。会所建筑的高度低于保留的大树，使自然成为第一轮廓，建筑掩映其中。

为体现岭南地域特征，营造情景交融的文化品位，会所采用坡屋顶，并通过简约的铝合金材料表达出时代感，中部制高的双坡顶强化了建筑的主轴线，两翼坡顶低矮、平缓、舒展。建筑整体以水墨画意境的黑白灰为基色，采用白灰色和深灰色花岗岩，通过劈开、刻线、烧毛等不同工艺表达出各自的表情，配上局部的原木色线条，注重材料质感、节点构造及细部的细腻表达。采用下沉式庭院、架空、天井等适应亚热带气候的空间构成方式，尽可能利用自然遮阳、避雨、通风的空间设计提高建筑的舒适度，这也是创作所遵循的生态与低碳原则的体现。

正中高尔夫会所的设计和建造过程让我们体会到在自然资源稀缺的时代，建筑师在设计中对自然环境的尊重和合理利用应承担的责任和义务。在建筑的体量定位、空间处理和造型构成中，面对大自然，建筑师应该采取一种更谦虚和谨慎的态度，尊重自然、善待自然，这会为我们带来真正愉悦的设计体验。

2

2 从大堂吧看室外

4

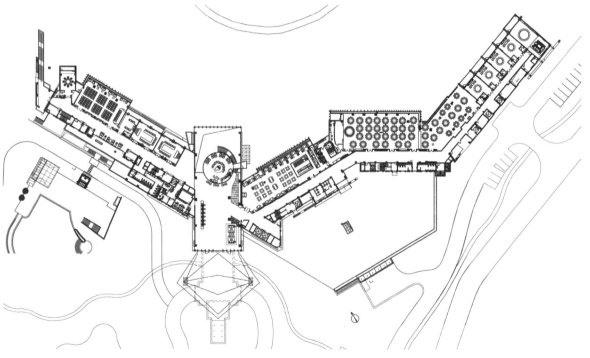

5

4　客房一侧
5　一层平面

6

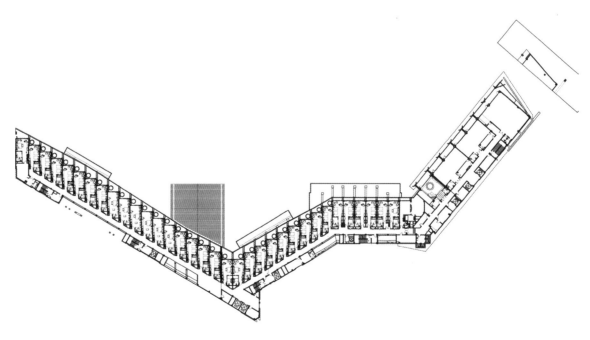

7

6 全日制餐厅
7 二层平面

8

8 会所全景

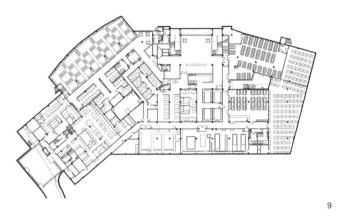

9

12

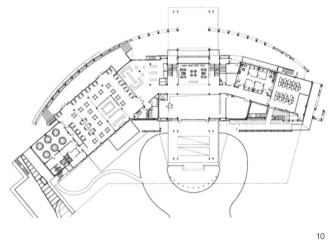

10

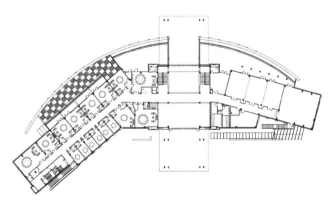

9 地下层平面
10 一层平面
11 二层平面
12 主入口侧面
13 入口夜景

11

13

ZIJING HOTEL, SHENZHEN, CHINA
深圳紫荆山庄

徐维平 I Xu Weiping

项目名称：深圳紫荆山庄
业　　主：深圳紫荆山庄
建设地点：深圳市，南山区
设计单位：现代设计集团华东建筑设计研究有限公司
用地面积：4.3 hm²
建筑面积：37 680 m²
项目负责人：徐维平
建筑设计：安仲宇，冯烨，曲国峰，韩健，郑颖，

王琳琳，宋云峰，王建，朱婷
结构设计：刘晴云，张一锋，丁生根，陈潇，
　　　　　陆文妹，张亚杰，施红军
设备设计：张明，王学良，苏夺，金大算，蔡增谊，刘毅，等等
设计时间：2008年
建成时间：2010年
图纸版权：现代设计集团华东建筑设计研究有限公司
摄　　影：傅兴

　　紫荆山庄是一个集住宿、培训、办公为一体的现代综合培训中心，位于深圳市南山区西丽水库附近，建设用地约5.33 hm²，外围近19 hm²的生态绿地由紫荆山庄代管使用，南部保留并拓宽原道路，北部另行修建一条工程专用道路。用地市政配套设施完善，山清水秀，视野开阔。

　　山庄建于丘陵地带，地势高差逾20 m，给设计工作带来诸多挑战——如何协调相对过高的建设容量与场地的限制之间的矛盾、如何使项目的建设结果和所处的环境风貌吻合、如何在满足功能需求的同时兼顾合适的建筑风格等问题，都是我们思考的重点。因此设计在遵循"低调、内敛、舒适"原则的同时，也注意汲取所在地的传统与文脉精髓，努力将建筑纳入地域与环境肌理。

　　基于对建筑群体布局与功能需求的考虑，建筑师并没有做过于花哨的表面文章，而是重点对空间的适应能力和功能布局的灵活性进行研究。设计利用基地条件和山体特征，综合运用"遮""藏""隐"等手法，严格控制并化解建筑在环境中的视觉体量，并利用其错落有致、水平延展的形体来营造依山就势的效果，使建筑与周边环境融为一体。比如，为了尽可能创造自然的外部生态环境，将室内网球馆、各种报告厅、大小餐厅及体量较大的教室等空间布置于综合楼的地下，或融于环境的台地之中，以弱化建筑的视觉体量，使其与所处的外部环境保持理想的空间尺度。尽管上述空间位于地下，但由于巧妙地利用了地势的

自然高差和外部的景观处理，仍获得理想的私密空间效果。

　　外部环境塑造与内部空间的对话融合，是山庄建筑创作的追求。比如，大堂作为山庄的枢纽，其空间位置不仅要满足迎向各方的功能要求，还要与景观环境具备对话的可能。消隐结构的存在让室内外空间之间显现出一种迷人的关系：两者既有界限，又保持着若隐若现的双关之美。外墙面的透明玻璃使大堂融于景观环境中，遮阳墙板则让幕墙的表情生动起来。其设计也暗合庄名，一色的镂空紫荆花图案，折射出独特而动人心弦的空间感受。

　　从某种角度而言，传统建筑的构成逻辑并未失去其现代意义；而尊重地方文脉的现代表达，同样也具有传统建筑的色彩和韵味。紫荆山庄既承继了岭南建筑的文化特色和风貌，又融入时尚的现代理念，两者的互为诠释激活了其生命力。透明玻璃大堂中的粉墙与木灯笼不仅仅是为了在风格上传承关于粉墙黛瓦的寓意与象征，更强化了空间的视觉表现力，其相互之间的构成关系在谨慎地渲染与传递建筑美学意义的同时，更隐喻了现代与传统的形式包容适应与开放并存的状态。山庄主入口的大气设计，与景观形象结合紧密，园林隐逸、含蓄的特征注定了其私密化、内向化的性质，而主入口的伫留和疏导功能赋予其对空间的释放与外向特征。此外，设计中也有很多地方运用了"紫荆花"的形象元素，如大堂入口处的铜质透雕、灯罩、吧台表皮等，镂空遮阳墙板的图案也是紫荆花的抽象图案化表示。

1

2

1 网球馆
2 报告厅前厅
3 大报告厅
4 中报告厅
5 设备机房
6 停车场

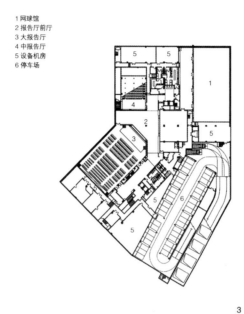

3

1 大餐厅
2 网球馆上空
3 培训教室
4 会议大堂
5 办公门厅
6 小会议室
7 开敞办公

4

3 −11.00 m平面
4 −5.00 m平面

5

1 大堂
2 前台
3 会见厅
4 过厅
5 图书阅览室
6 办公
7 屋顶平台
8 下沉式花园

1 客房
2 培训教室
3 设备平台

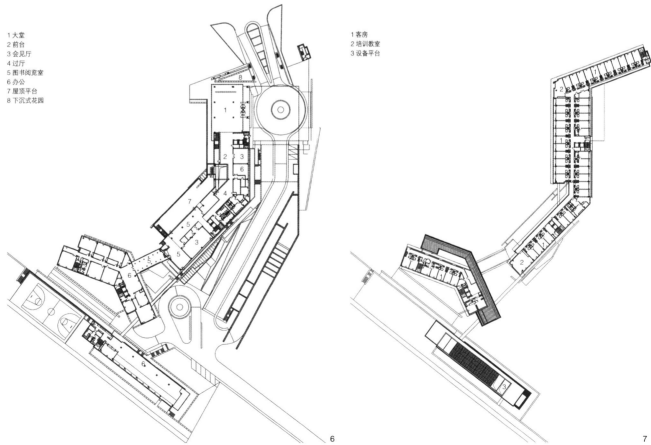

5 大堂
6 ±0.00 m平面
7 11.00 m平面

6

7

9

10

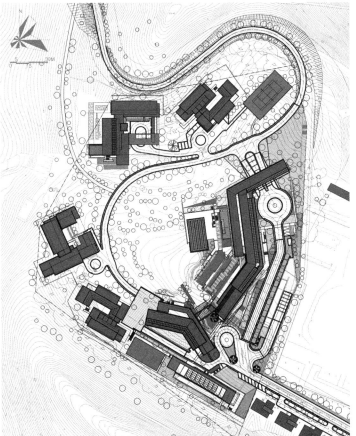

11

9 遮阳墙板
10 外廊道
11 总平面

ST. REGIS HOTEL, SANYA, CHINA
三亚亚龙湾瑞吉酒店

盛开 I Sheng Kai

项目名称：三亚亚龙湾瑞吉酒店

业　　主：中粮集团亚龙湾开发股份有限公司

建设地点：海南，三亚

设计单位：美国BBG建筑师有限合伙公司

施工图配合：筑博设计集团股份有限公司

用地面积：32 hm²

建筑面积：9.2万m²

结构形式：框架混凝土

项目负责人：盛开

结构/设备设计：筑博设计集团股份有限公司

室内设计：Dileonardo

景观设计：EDSA

设计时间：2008—2010年

建成时间：2011年11月

目前几乎所有高端的世界知名品牌酒店都已进入中国，从独立奢华品牌（如半岛酒店Peninsula）到高端连锁国际管理公司旗下的顶级品牌（如希尔顿的华尔道夫Waldorf、喜达屋的瑞吉St.Regis、万豪的丽思卡尔顿Ritz-Carlton等）在中国落地之后，在维持各自品牌精神的同时不断自我升级。在新的土壤环境及中国开发商特定的需求下，这些品牌被不断赋予新的内涵。

本文从笔者主持设计的瑞吉酒店谈起，望与同行分享高端酒店的设计历程。

三亚亚龙湾瑞吉度假酒店设计始于2008年初的国际设计竞赛。笔者当时作为BBG的合伙人，受邀带领设计团队参加了投标。酒店的开发商是中粮集团亚龙湾开发股份有限公司，设计过程与当今的某些酒店设计竞赛不一样：品牌很明确，管理公司喜达屋直接介入任务书要求，而不是仅有一个酒店策划公司泛泛的五星级酒店的"模拟"任务书。但是这个任务书还是与最终落成的实际状况有着很大的区别，充分显示了酒店设计的复杂的磨合历程。

当时要求做220间的客房及多达110栋的酒店别墅，外加40~70栋的可售别墅。而最终是28栋海边酒店别墅、373间主楼客房。

设计开始之前，我们踏勘了地形，项目地块位于通达亚龙湾所有滨海度假景区的沿海公路的尽头，十分私密，是亚龙湾首屈一指的风水宝地，整体呈背山面海、溪流环抱之势。地块有湿地及红树林保护带，有近千米的海岸线，独特的河道环绕其后，从地块面海面西侧泻入大海。项目任务书中的游艇码头，在三亚也是绝无仅有。

项目的自然环境得天独厚加上高端酒店品牌瑞吉，可谓是建筑师梦寐以求的项目。但是如此优越的自然环境也有其挑战及缺憾。酒店的天然位置的标高比现有沙坝低了很多，地势自海岸沙坝到用地越来越低，与理想的地势相反。因而首先第一个设计决定就是将大堂抬高，一抬就是3层，达到海拔20 m，这样在大堂内才能将作为最大卖点的一线海景尽收眼底。

这个项目与众不同的一个亮点就是它的游艇码头。人们可在此扬帆出海，或探寻湿地保护区，并可享有私人游艇的泊位。我们的设计在充分利用这个码头的同时，创造了另一个新的亮点——利用地块后面的河道，提出了从水路进入大堂的理念。酒店设计的第一个环节就是到达感受（arrival experience）。试想客人来三亚度假，先乘上一叶扁舟，看着青山、绿水，由水路进入大堂会是怎样的感觉！很多度假酒店千篇一律，都像是在东南亚，就是缺少了与当地人文环境的融合。

大约经过50天的紧张工作，完成近百张图纸，我们的竞赛方案脱颖而出，得到中粮甲方及喜达屋的一致认可，并在汇报当晚就被通知中标。参加过的竞赛少有如此这般顺利的，但中标仅仅是真正设计的开始。正式承接了这个项目之后，第一步就是喜达屋对设计团队进行瑞吉品牌的渗透与理解教育。这个叫作"Brand Immersion"（大概可以译成"品牌灵魂沁透"）的过程在喜达屋总部纽约（第一家瑞吉酒店本店的所在地）进行，喜达屋主管全球高端品牌的负责人详细地阐述了瑞吉的历史、品牌精神，同时会后还人手一本瑞吉鼻祖Astor家族的创业史，使设计组进一步了解这个百年老店的精髓。完整透彻地理解一个品牌的灵魂永远是打造优质高端酒店的第一步，设计绝不是皮毛的形式上的创作。

竞赛中标之后一般总会有一个设计调整期。本案的一个重大变化是酒店别墅的数量，如果设置110栋别墅，对整体布局及景观的影响比较大，经过多次论证、比选，最终决定大量减少酒店别墅，增加主体酒店的客房数量，从而提升海岸及景观的开阔性。

原来的方案中，私人别墅区是由若干半岛组成，住户在滨海的大环境中有自己的内湖组团。这个想法广受认可，但在实际操作中有一定难度，首先要决定是否与海水连通，以及如何解决潮水涨落的问题。我们与甲方及顾问公司反复研究，出了很多稿，包括建水闸，但是终于由于实际操作难度及造价只好放弃，而选择了目前的袋状条形布局，面山/河面及面海水码头面的可售别墅

1

布局。

　　还有一个重大的变化就是外立面的升华，甲方总裁提出一定要做出一个大气、与众不同的度假酒店形象。设计组经过多次与甲方的研讨沟通，创作出了以"龙腾大海"为主题的形象。亚龙湾当时被称为中国第一湾，而瑞吉所处地块又是亚龙湾最具价值的龙头位置，水元素整体贯穿于项目之中，从而充分体现"龙腾大海""龙施雨沛"的寓意。起伏错落的屋顶就像是水中跃起的巨龙，展现从水中向上跃起的气势，隐含着作为龙头的瑞吉将带领亚龙湾腾空崛起，进入全新时代的寓意，也表达了中国之龙的腾飞的愿望。

　　经过各设计团队、顾问公司（包括室内、景观）、国内外工程师团队及与甲方和喜达屋管理公司一年多的紧密合作，设计基本成形。这个项目集合了许多世界顶尖的顾问公司，每个细节都有专职的顾问公司负责，从厨房洗衣到码头设计都有着十分专业的配合协调。

　　酒店的到达采取了独特的水路及陆路两种方式，客船直接进

入水路大堂，3层高的瀑布将其在竖向空间上与陆路大堂联系起来。为了充分利用游艇码头的绝佳条件，原设计设置的水路径使普通客人也可经水路通往酒店。从机场到达酒店的客人可以选择在湿地红树林保护站下车，行李仍由汽车送往酒店，而客人则登上电动游船欣赏河两岸的山水美景。这为客人们提供了一次非常特别而又值得记忆的酒店入住体验。

　　这个世界一流水准的游艇码头傍河而建，既降低了对湿地保护区的影响，也大大减少了耗时耗资巨大的挖掘工作。码头与酒店的入口坡道形成了直穿酒店迎宾区域的中轴线。码头提供了约140个游艇泊位。设计考虑了设立拦沙堤和防波堤以确保航道的通畅和海波对码头的影响，同时在堤的尽端设立了两个观景灯塔。亚龙湾瑞吉将是海南首家可供游艇驶入、驶出并提供游艇服务的酒店。酒店同时与三亚亚龙湾游艇协会联袂合作，将为追求冒险、享乐生活品质的旅行者带来全方位的奢华体验。

　　在建筑布局上，酒店主体和套房别墅正对大海，可以获得最佳景观。而私人别墅则通过一条专用通道进入，并与酒店区以人

2

3

2 客房
3 别墅区内湖组团

4

4 酒店鸟瞰效果
5 游艇码头

5

6

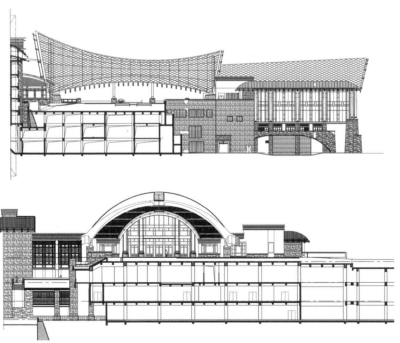

7

6 落客处
7 剖面

8

8 室外全日制餐厅

工河分开，被赋予美丽的山水景观。虽然私密，但别墅的主人同时可以享用酒店的公共设施。酒店楼层的错落有致在该地块形成了靓丽的景致，地势高的部分是由从游艇码头和河道所挖掘的泥土堆积而成，垫高部分的地下设置后勤、机电和停车区域。酒店门童的快捷停车服务使车辆可以迅速由坡道撤离，出租车需驶入酒店门庭落客或者在门庭广场以外的出租车候车处待发载客。

在度假区能够体验不同的心境和风景，对于长久逗留的客人，尤其对于别墅主人来说是至关重要的，因此设计着重营造别样的住店体验：可以一览青山、泊船码头和大海的广阔的高地势迎宾区域；可以俯视花园式瀑布水池和海景的大堂；以青山为背景，设有餐饮和商店的游艇码头；位于沙丘之上并可以俯视

海景的沙滩特色餐厅；能看到青山景色和游艇码头的水疗中心小岛……

在客房设计上，我们尽可能强化宽敞、便利和舒适的感受。80 m²的标准客房面积基本已是套房的尺度。我们将其一分为二，客人可以在临窗沐浴时一览无敌海景。客房内的石地面材一直延伸到阳台直至阳台上优雅的靠椅。宽大的推拉门，在天气宜人的时候可以打开，使住客感受海风的清凉。紧挨房门就有提供客房服务的小隔间，可进人的大衣间也紧挨房门，方便了客人行李的存放。这种卫生间和衣橱布置的设计缓和了房间进深过长的视觉效果。室内设计师基本维持了建筑设计的格局，同时在硬装及软装上有更进一步的发挥。首层的面海客房均设置为泳池房，客人

9

可以从露台直接进入泳池。

　　会议区域与酒店分离，以免影响酒店宁静的氛围。它和酒店共用入口的纪念性门庭，并以其连接酒店大堂，同时与入口门庭下的后勤楼层也有直接方便的联系。客人可以驾车在会议区域直接落客，也可以从酒店步行前往。客人可以在门庭进行登记，领取会议资料，然后经中央楼梯下到双层高带有露台的前厅，在此，湖面、小河和青山一览无余。本区域的停车位设在酒店门庭广场的下层。会议的辅助设备通过前厅的电梯直接送达宴会楼层。贵宾室也设在本楼层，但其位置避开了主入口。

　　在项目后期，我们把很多精力投入到几个特色区域的打造上。水疗中心位于一个小岛之上，以充分营造私密恬静的环境氛围。水疗中心的入口是一靠近游艇码头的小桥，并可通过另外一独立小桥与后勤方便地联系。水疗中心同时供酒店客人、非住店客人和会员使用，它与停车车库有便捷的联系。三亚亚龙湾瑞吉度假酒店也是首次把瑞吉最新的水疗品牌Iridium Spa（铱瑞水疗）引入中国南部，力求打造水疗奢华体验的新标准。

　　另一个特色空间"海滩餐厅"因"退后红线"的限制而无法建在海滩上，但建在红线内沙丘顶部的餐厅同样会拥有壮观的海景，而且距离酒店花园也仅有十几米，这里可以看到中国南海的日出。因为从海滩可以很容易到达，该餐厅还将成为海滩上餐饮和毛巾服务的中心。

　　最后还要特别强调后勤区域的设计。它位于酒店门

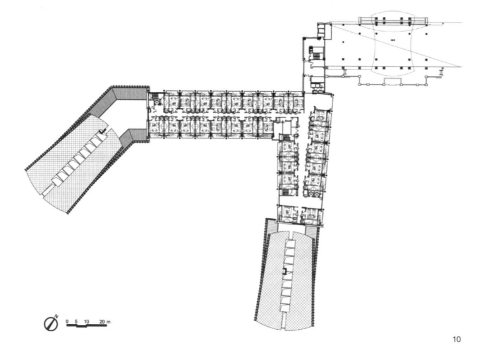

0 5 10 20 m

10

9　泳池
10 A楼客房层平面

庭之下，私人别墅的通路旁设有卸货和员工入口，不会干扰酒店的日常运营。员工在指定的地点由小巴接送，该地点同时可以停靠小汽车、自行车和小型摩托，以降低对整个度假区的干扰。后勤区域经宴会区域延伸至酒店，与酒店的各部分相连。一个食物储藏中心和备餐厨房可以满足宴会厨房、全日制餐厅和沙滩餐厅的需要，也可以满足提供简餐的分散于套房别墅群的几个管事部中心的需要。所有针对套房别墅的服务都通过管事部中心提供，床单和其他杂物由电动车运往管事部。

高端酒店的设计过程因地域、品牌、客户会有很大不同，但是几项最重要的内容应谨记：对品牌精神的理解，对项目人文地理环境的融汇，对使用者的了解，对甲方要求的深刻体会及随时的密切沟通，方能确保设计出既有地域特色又有自身风格的高端品牌酒店。

(感谢中粮集团亚龙湾股份有限公司提供的有关图纸及照片)。

11

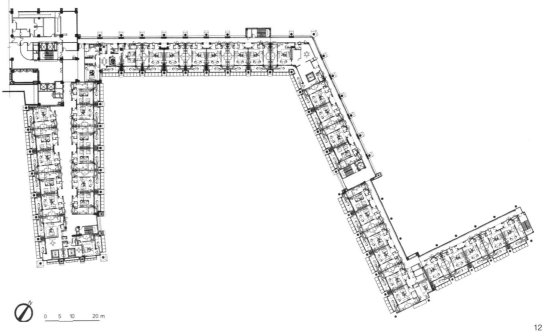

11 大堂
12 B楼客房层平面

0 5 10   20 m

12

RENAISSANCE SANYA RESORT AND SPA, CHINA
三亚万丽度假酒店

刘琦　曹丹青 I Liu Qi　Cao Danqing

项目名称：三亚万丽度假酒店　　　　　　　　　　　项目负责人：曹丹青
业　　主：三亚中港渔业有限公司　　　　　　　　　建筑设计：现代设计集团华东建筑设计研究院有限公司
建设地点：三亚市海棠湾　　　　　　　　　　　　　景观设计：Belt Collins International
设计单位：现代设计集团华东建筑设计研究院有限公司　室内设计：Wilson Associates
合作设计：美国WATG设计公司　　　　　　　　　　设计时间/建成时间：2009年/2011年
用地面积：16 hm²　　　　　　　　　　　　　　　　图纸版权：现代设计集团华东建筑设计研究院有限公司
建筑面积：10.5万m²

三亚万丽度假酒店位于三亚市五大海湾之一的海棠湾——毗邻南田温泉，遥望蜈支洲岛，坐拥国家海岸，不凡的地理位置注定海棠湾拥有不凡的前景。三亚万丽度假酒店作为海棠湾首批开发的五星级度假酒店之一，"不凡的设计"即是最大的命题。如果说碧海银沙、椰林轻风的热带风情是设计的灵感之源，那么万丽品牌对生活品质的执着则是设计的终极追求。

奢华、舒适和温情融合于这样一座宫殿式的建筑之中，从东线高速公路望去，体量巨大的金黄色重檐坡顶异常夺目，性感的天际线既庄重又不失东南亚风情。建筑立面带有古典纹样的花岗岩和金属百叶相结合，无论远眺还是近观，疏密之间总让人心仪。

万丽度假酒店拥有360多米长的海岸线，这在三亚众多五星级酒店里是相当突出的优势。7层的建筑主体以大堂为中心，沿东、西两侧逐渐展开，伸向蓝色海岸，环抱沙滩。两翼的客房均采用"室外走廊+单侧客房"的布局，保证各套房间均拥有良好的海景视野。环抱型的建筑体量将基地顺势划分为内外两部分：靠海的内部庭院与私家海滩相接，景色宜人，大片的泳池和景观水池之间，几家特色餐饮和儿童俱乐部成为住店宾客主要的休憩场所；大堂北侧的外部场地作为入口区域的交通枢纽，道路两侧布置SPA、会议中心和精品别墅，为住客提供高附加值的服务产品。

酒店共有客房507套，最小套型面积也在58 m²，包括90多间豪华套房、10套带有独立私家泳池的两房别墅、两套别致的万丽套房，以及一套面积超过1 000 m²、拥有2个私人泳池、4间精致卧室及1部私人电梯的总统套房，为一贯眼光挑剔的度假酒店宾客提供了多种选择。当然，无论位于顶层的总统房还是在一层临水的泳池房，抑或是偏居一隅的别墅房，都可以享受到万丽度假酒店高品质的服务。

如果说客房是酒店的必需品，那么SPA就是万丽度假酒店专属的奢侈品，其规模和档次在整个海南也是数一数二的。取自南田温泉的泉水，来自印度的熏香，产自加拿大的原木家具，加上沁口的茶点、柔和的灯光和精心挑选的水疗音乐……让游客体会到回归自然的惬意。单人房、双人房、VIP套房的组合加上理

疗间、健身房、跳操房等辅助康健设施，为宾客提供了全方位的服务。

种类繁多的餐厅也是万丽度假酒店的一大特色。古典优雅的中餐厅和华丽妖娆的全日制餐厅位于大堂下方，为宾客提供常规却不失水准的餐饮服务；水上餐厅位于大堂东南侧，6座精致的独栋包房矗立于水面上，通过廊桥与中餐厅相接，高贵却也不乏趣味，为酒店平添几分生气；海鲜餐厅位于内庭院的最南端，近可观内庭之雅致，远可望海滩之浩瀚，高大的木质坡屋顶营造了一个宽敞的室内空间，令用餐者心情舒畅。海鲜餐厅西侧还有一个特色泳池吧，设有临水的吧台和水中的座椅，宾客游泳至此点一杯热带的特色饮料，悠然小憩，何其惬意。

项目的设计始于2007年，经过差不多4年的设计和建造终见成果。对于10万m²规模的酒店项目来说，4年的周期算不上长，但过程仍充满曲折。

2008年初至三亚考察项目基地，在苍茫山林间穿行近两个小时赶至海棠湾，满目的萧条不免让人有些失望，略有些扎脚的沙滩和算不上清澈的海水都让人怀疑此地是否真能如业主所言成为"第二个亚龙湾"。

初始方案中的屋顶造型和客房内的午睡榻是设计师和业主双方都得意的亮点。整个设计过程我们为这个别致的屋顶建了数个3D模型，不断推敲屋脊、挂瓦、屋檐的做法，反复斟酌颜色、角度、材质，力求在视觉感和实用性上达到平衡，最后的效果也让人振奋，算得上是万丽度假村最浓墨重彩的一笔。而午睡榻却没有那么幸运，虽然无论建筑设计还是室内设计，均将午睡榻作为一个核心内容来努力诠释，但未承想样板房建成后，业主方领导的一句话将这个概念彻底否定，只是因为感觉"不够敞亮"。在我们看来，取消午睡榻意味着客房内少了一个半私密的趣味空间，而外立面也没有了疏密相映的构成关系，这对整体设计有很大影响。但设计师的据理力争最终也没能改变它的命运，这不能不说是整个设计过程中一个最大的遗憾。

酒店试营业后业主方邀请我们去试住，全程接待的张总带我

1

2

3

1 园区内庭院
2 俯瞰大堂平台
3 庭院景观

们逛遍了整个酒店,讲述项目建设中的经验得失,言语间充满自豪和功成身退的释然。很难想象我们面前这个清瘦的老太太几个月前还指挥着一支数百人的队伍抢工期、赶进度,也曾经一年十多次从三亚飞到上海与设计师协调工作。现在,她至少可以暂时搁下电话,斜卧在SPA区的室外躺椅上与我们一起谈天说地。也

许只有到项目接近尾声的时候,才能真正理解业主的辛劳和压力,理解我们确确实实处在同一阵营并一直为同一个目标在努力。于是,曾经对业主的抱怨也就一并遗忘了。

一个建筑的设计之初,无论是业主还是设计师,总有许多梦想要实现。但在漫长的实施过程中,经常会有一些阻力出人意料

4

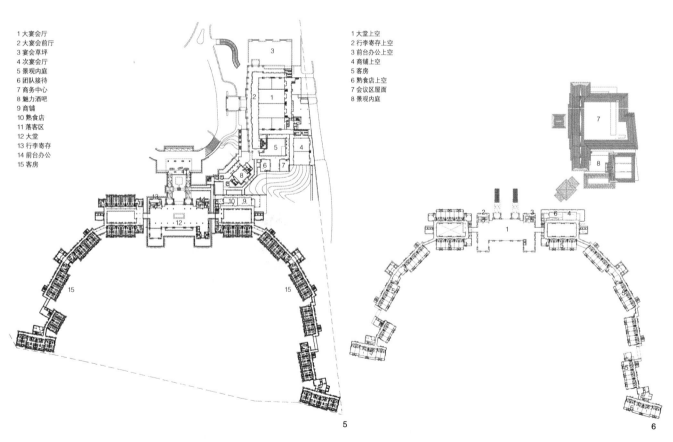

1 大宴会厅
2 大宴会前厅
3 宴会草坪
4 次宴会厅
5 景观内庭
6 团队接待
7 商务中心
8 魅力酒吧
9 商铺
10 熟食店
11 落客区
12 大堂
13 行李寄存
14 前台办公
15 客房

1 大堂上空
2 行李寄存上空
3 前台办公上空
4 商铺上空
5 客房
6 熟食店上空
7 会议区屋面
8 景观内庭

5

6

4 从总统套房泳池看客房区
5 三层平面
6 四层平面

7

8

9

7 娱乐室
8 海鲜餐厅
9 中餐厅

地横在所有人面前，企图让人忘却他的梦想，忘掉曾经的雄心勃勃。在万丽度假酒店的整个设计过程中，有过争论，有过反复，设计师也曾经愤怒同时很无奈地向业主抛出一句"你做出这样的决定我觉得非常遗憾"。但值得庆幸的是，绝大部分的梦想还是能够完美地展现在我们眼前，让所有人都备感自豪。而被阻隔在门外的那些，也不仅仅是遗憾，它们是我们宝贵的经验积累，是下一次实践中一个更大的梦想。

ALOFT HOTEL EXCEL, LONDON, UK
英国伦敦Aloft酒店国际会展中心店

Jestico + Whiles建筑设计事务所 I Jestico + Whiles
钱辰伟 译 I Translated by Qian Chenwei

项目名称：英国伦敦Aloft酒店国际会展中心店

业　　主：ExCeL London (part of ADNEC)

投　　资：阿布扎比国家展览公司

酒店管理：喜达屋饭店及度假村国际集团

建设地点：英国，伦敦，皇家码头

设计单位：Jestico + Whiles

用地面积：0.95 hm²

建筑面积：14 000 m²

项目负责人：John Whiles

建筑设计：Jestico + Whiles

结构设计：McAleer Rushe

设计时间：2010年

建成时间：2011年

图纸版权：Jestico + Whiles

摄　　影：Tim Crocker

喜达屋酒店及度假村国际集团（Starwood Hotels & Resorts）旗下进驻伦敦的首座aloft酒店正是刚刚投入运营的ExCeL国际会展中心店。Jestico + Whiles事务所承担建筑及室内设计工作。酒店设有252间客房、1间"wxyz"酒吧、1间内设体育馆和儿童戏水池的健身房、一处24小时营业的一站式食物和饮料外卖区、5间会议室，此外还设有1间全新"FEDE"概念餐厅，由Elior公司单独运营。

贯穿酒店平面中央的是一个S形凸面带状空间体，其中容纳了客房和垂直交通系统，两侧有一个凹面条状空间体与其相接，囊括了更多的卧室和走廊。这两个侧翼结构的表皮由数千块经过特殊处理、反光效果良好的不锈钢面板构成，营造出非同寻常的视觉效果，随着时间的流转变换着色彩。

酒店中央带空间覆以定制的双层玻璃表皮，其上装饰有半透明的彩釉图案和背面涂层的坚固拱肩镂板。受Bridget Riley某些绘画作品立体效果的启发，设计师们以熔结在玻璃里的抽象横纹来强调建筑的流动性。再配合新月形侧翼表面变幻的色彩，建筑的流动性和立体感更加突出。

基地所处的国际展览中心周边复杂的市政基础设施给设计带来很多制约，建筑师利用"蛇形"空间布局减少了内部走廊的长度，也使得中央的核心候梯厅享有自然光，同时也很好地满足了业主对于不同规格房间的要求。为了满足酒店交通分流的要求——二层为由ExCeL国际会展中心至此的主要步行通道，地面层为车辆通道，建筑师在该栋建筑的中心位置设计了一个宽敞的、双层贯通的接待大厅，并以一个具有雕塑感的螺旋状楼梯将上下两层连接。

酒店内部空间的设计延续了外部设计的线条感和丰富色彩，客房区的走廊以创新性的饰面和定制的有色透光板装饰，让人联想起了外立面处理手法，在内外空间之间营造了一种连贯性。内部空间以精心挑选的木材、人造理石、玻璃、陶瓷和带有花纹的壁纸进行装饰，并在公共空间以精致的艺术品加以点缀。事务所特别调整、拓展了设计业务，力求为aloft酒店提供量身定制的设计。

建筑事务所总监John Whiles表示："aloft酒店的开业，对事务所来说是令人激动的时刻。整个过程不断对我们惯常遵守的酒店设计标准提出挑战，戏剧性地整合了材料与活动，并将室内个体作为整体来对待。酒店明显丰富了人们在该地区的体验，在这个国际会议中心的重要入口处创造出一种标志性的场所感，这对于伦敦的未来也是非常重要的。"

1

2

2 酒店及入口广场

4

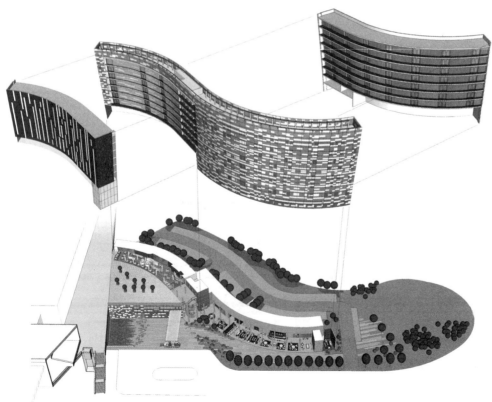

5

4　酒店前广场
5　体量示意

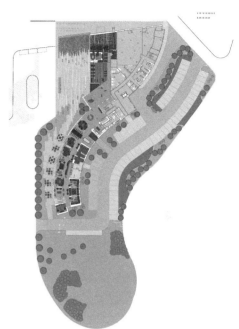

8

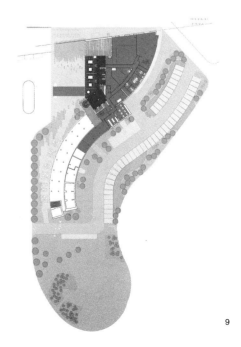

6 酒店入口
7 大堂
8 一层平面
9 二层平面

6

7

9

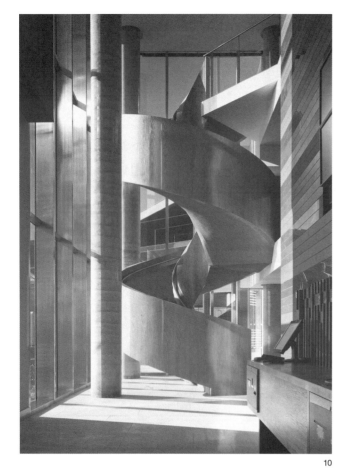

10

11

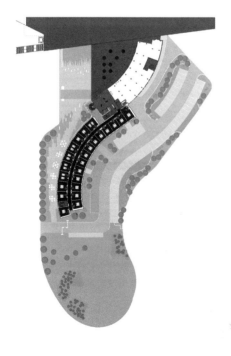

12

13

10 旋转楼梯
11 大堂吧
12 三层平面
13 四层平面

14

15

14 休闲区
15 wxyz酒吧
16 大堂一角

16

XIXUAN SPA HOTEL (POET HOTEL), HANGZHOU, CHINA
杭州曦轩酒店（诗人酒店）

陈喜汉 I Aaron Tan
RAD建筑设计有限公司 I RAD Ltd.

项目名称：曦轩酒店
业　　主：杭州西溪投资发展有限公司
建设地点：杭州西溪
设计单位：RAD 建筑设计有限公司
合作设计：浙江省建筑设计研究院
酒店顾问：SL Partnership Hotel Services Ltd.
室内深化设计：上海海华家具装饰工程有限公司
用地面积：0.9 hm²
建筑面积：7 300 m²
结构形式：混凝土结构
项目负责人：Aaron Tan, Paolo Dalla Tor

建筑设计：Jeffrey Gagnon, Ewelina Tereszczenko, Michael Ho, Angel Lau,
　　　　　Ricky Chan, Reynaldo Delgado, Cherry Cheung, Stephanie Cheng,
　　　　　Ian Lam
结构设计：浙江省建筑设计研究院
灯光设计：光莹照明设计咨询（上海）有限公司
景观设计：绿城建筑设计公司景观设计所
设计时间：2007年
建成时间：2011年
图纸版权：RAD 建筑设计有限公司
摄　　影：Marc Gerritsen

西溪，自古就是中国文人墨客追寻自我潜沉与艺术启发之处。

在中国，再无一处比西溪更适合来缅怀这些伟大的文人并向他们在各方面对文化的贡献致敬。通过几夜的亲身体验，在西溪之美的感染下，旅人们亦能尝试体会诗意的生活，作为向诗人的致敬。

延续着西溪的精神，曦轩酒店（诗人酒店）的设计就像一首诗的写作。我们像诗人一样读着西溪，取材于西溪，用撷取出的元素创作、交织成一篇新的体验。

在酒店的空间功能上，设计糅合了传统与现代的概念来营造多样的空间，如连接着用餐空间的图书馆和与水结合的展示空间。它们以区块的形式并列，并在三维空间里互相牵动着。

被西溪湿地启发着，我们谨慎地将传统的建筑图像与地景元素重组，诠释、创造出新的现代意义。轻盈、透明的一楼开敞、明亮，体现着对光明、开放的场所的愿景；二楼和三楼则是一个令人无法忘怀的美学世界，如此，酒店明示了在未来的持续创新的可能方向。

40首诗是设计起点。

一如历代诗人，我们亲身体验西溪湿地，寻找灵感，撷取天然元素，对其加以研究并与酒店方的要求结合，创造出不止于功能的新体验。首层是明亮、通透的空间，二、三层是更私密、错落的感观世界。这样的高低区域安排亦象征着词语的联系，一个沿螺旋阶梯而设的图书馆空间从首层升起，贯通各层。

酒店仅有三层。

一层可分为两个区域。较活跃的部分由酒店主要公共空间组成，包括巨大的入住登记大堂、通往阅读餐厅的阶梯酒吧以及连接漂浮健身房与空中茶园的阶梯图书馆。紧邻餐厅和酒吧的半户外空间在向晚和天晴时拥有绝佳的用餐气氛。较安静的部分是展示空间和药水疗中心，围绕着露天的漂浮冥想水池。

二层和三层的房间环状布局，外围设有望向西溪的廊道。空中庭园巧妙地错落着，面对着基地内其他主要景致，将房间的空间体验延伸到户外。健身中心位于二层的中心，连接着阶梯图书馆，使旅客达到身心的平衡。三层是空中茶园，由此可直通私人屋顶平台。

在诗人酒店的创作中，公共空间是一段充满触、闻、味、视的感官之旅；到达房间后，则是属于诗人独白的空间，身心得到休憩之后，灵性之旅即将展开。

1 入口
2 多功能厅
3 水池
4 大堂
5 休息区
6 室外休闲
7 餐厅
8 厨房

1 鸟瞰酒店
2 一层平面

3

3 错落有致的立面形态

4

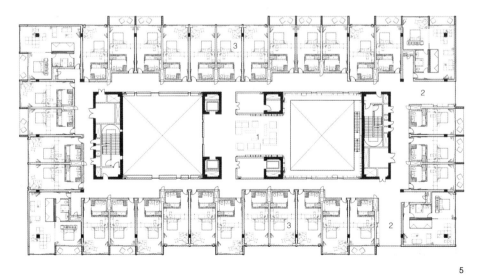

1 图书馆休息区
2 休息区
3 客房

5

4 阶梯酒吧
5 三层平面

6

6 阶梯图书馆（曦轩酒店提供）

7

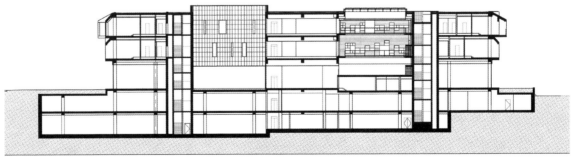

8

7 餐饮
8 剖面

9　9 中庭

10

11

12

10 客房（曦轩酒店提供）
11 浴室
12 SPA（曦轩酒店提供）

HOTEL AVASA, HYDERABAD, INDIA
印度海德拉巴阿瓦萨酒店

Nandu 建筑事务所 I Nandu Associates
李媛　译 I Translated by Li Yuan

项目名称：阿瓦萨酒店
业　　主：STAMLO Hotels
建设地点：Hi Tech City, Madhapur, Hyderabad, India
设计单位：Nandu 建筑事务所
用地面积：0.82 hm²
建筑面积：2.02万 m²
建筑层数：地上12层，地下2层
结构形式：钢筋混凝土
材料应用：穿孔黏土砖
项目负责人：B. Nanda Kumar

建筑设计：B. Nanda Kumar, Ankita Gupta, B.H.Ravi Shankar, B.Naveen Reddy
结构设计：United Consultants, Chennai
灯光顾问：Integrated Lighting Design Los Angeles
景观设计：Design cell studios, Delhi – Bangalore
室内设计：Poole Associates Private Limited, Singapore
设计时间：2009年
建成时间：2012年
图纸版权：Nandu 建筑事务所
摄　　影：Bharat Ramamrutham at Graf publishing private limited, Goa

阿瓦萨酒店是STAMLO集团建设的第一个酒店项目，业主希望通过本项目为以后可能建成的一系列连锁酒店明确设计方向。他们需要一个基于商业酒店解决方案的设计，非常明确地表示酒店应突破传统的方盒子形象，在非常规的场地中建一座非常规的建筑。

建筑印象

当人们驱车驶向这座科技城市的时候，映入眼帘的是一个接一个追求容积率的建成街区，在诸多商业建筑和公寓建筑的混凝土盒子中会出现一道与众不同的风景——一座带有退台式花园的9层高建筑——阿瓦萨酒店。

设计挑战

不规则的场地是本设计最大的挑战。场地临街道一侧较宽，越退后越窄。设计因地制宜，总平面呈A字形。

设计概念

设计的目标之一在于尊重既有场地，因而酒店的设计以高度顺应地形的方案来回应周边文脉。

由于场地内及其周边的开放空间面积十分有限，所以建筑师以阶梯式退台的形式为酒店设计了一个连续的绿化空间。在视觉上，这些退台从第四层到最顶层是连成一体的。客房被布置在A字形平面的两翼，连接两翼的楼板被设计成为从低到高逐层后退的退台空间。

剖面设计

建筑剖面是设计过程中最重要的图示表达。最终的剖面通过退台完美地阐释了该建筑的空间品质。

台阶式剖面的垂直交通通过3组分设的电梯实现：西翼的电梯连接地下室到一层，东翼的电梯连接一层到十二层，偏离中央大厅轴线的一组电梯可通往所有楼层。

中庭

中庭本可以被设计为一个贯通一层到十二层的巨大独立空间，但建筑师将其分成了两部分：一层的入口大厅连接大堂和宴会厅；中庭位于三层，整个退台之下。这样设计既可以降低噪声，又可以保持中庭空间良好的尺度感。

桥

在两个客房区之间有两座"桥"，一座是位于六层名为"桥"的商业俱乐部，另一座是位于十一层和十二层的双层空中酒吧（单独设有电梯）。

布局

9层的客房翼坐落在裙房之上，裙房设有停车门廊、接待大厅、特色餐厅和全天候餐厅。

二层的宴会区中还包括一个大舞厅，可通过一部大楼梯直接通往一层的停车门廊。三层为服务层，设置于宴会厅走廊上方。四层是客房部分的第一层，设有SPA和健身房。游泳池与设有露天酒吧的退台功能空间都向中庭开放。退台的每一层都各具特色，因而客房的每一层走廊都给人以独特的体验——自然的阳光和郁郁葱葱如瀑布一般的阶梯式花园。

结构体系

大舞厅的天棚采用300 mm厚的后张拉钢筋混凝土板，以减小

1

梁的高度，创造更大的室内净高。退台部分采用
空腹桁架结构体系以便承受自重。空中酒吧采用
3层的空腹桁架，跨度为14～25 m。

材料及绿色理念

退台立面朝北，可以将北侧的自然光引入中
庭以便节约能源。地板和立面的石材均采用当地
出产的花岗岩，以减少碳排放量。大堂和宴会厅
的地板采用当地制造的材料——来自Quantra的
烧结石材。

由Wienerberger公司生产的水平穿孔黏土砖
被用来砌填充墙和不承重的隔墙。用这些砖最大
的好处就是可以减轻墙体自重，节约结构成本，
同时提高施工速度。外表皮银色铝塑板的用量被
尽可能减到最少。

建筑设备和场地设施

酒店安装了中央建筑管理系统以保证能源
和资源的有效利用。太阳能被用来增强水供暖
系统的中央锅炉效能；高效制冷机确保将空调
系统的能耗降到最低；所有房间都采用LED灯以保证最少的能源
消耗。

2

场地中安装的污水处理装置有助于中水回用以节约水资源，
处理后的中水可用来浇灌场地内和退台花园中的植物。

1 退台花园式酒店
2 入口

3

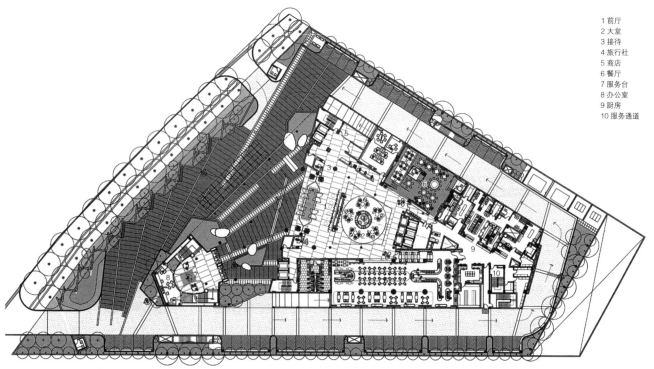

1 前厅
2 大堂
3 接待
4 旅行社
5 商店
6 餐厅
7 服务台
8 办公室
9 厨房
10 服务通道

4

3 退台景观
4 一层平面

6

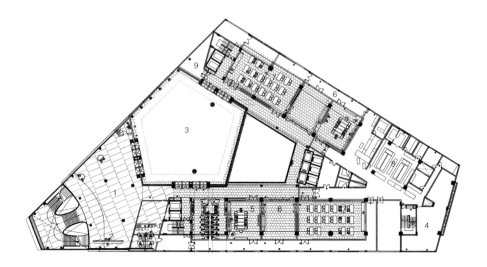

1 迎客区
2 吧台
3 舞厅
4 办公室
5 会议室
6 服务通道
7 培训室
8 厨房
9 吸烟区

6　大堂
7　7　二层平面

8

1 广场
2 游泳池
3 波浪式浴盆
4 凉亭
5 管家
6 健身房
7 SPA
8 客房
9 吧台

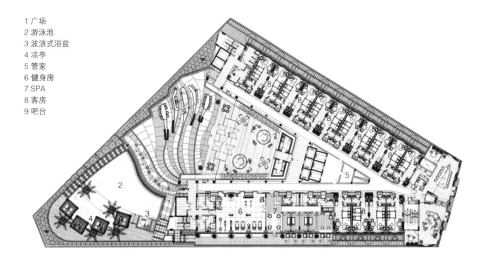

8 特色餐厅
9 三层平面

10

10 空中酒吧

LE MERIDIEN ZHENGZHOU, CHINA
郑州建业艾美酒店

如恩设计研究室 I Neri&Hu Design and Research Office

项目名称：郑州建业艾美酒店
业　　主：建业地产股份有限公司
建设地点：郑州金水区中州大道1188号
设计单位：如恩设计研究室
本地设计单位：中南建筑设计院股份有限公司
建筑面积：4.3万 m²
建筑层数：25
建筑结构：框架结构
建筑材料：金属饰板，无色玻璃
项目负责人：郭锡恩，胡如珊

建筑设计：Alex Mok, Lina Hsieh Lee, Louise Ma, Jacqueline Min, Peter Eland, Christina Luk, Jadesupa Pittasporn, Sophia Wang, Chi Chiu, Joseph Lee, Singeyong Pham, Shelley Gabriel, Andrew Roman, Windy Zhang, Meng Gong, Arnau Baril, Talitha Liu
结构设计：中南建筑设计院股份有限公司
设备设计：中南建筑设计院股份有限公司
设计时间：2012年
建成时间：2014年
图纸版权：如恩设计研究室
摄　　影：Pedro Pegenaute

　　总部位于上海的如恩设计研究室，将位于河南省省会城市郑州的建业艾美酒店打造为郑州的全新地标。河南，曾是中国古时的政治经济及文化中心和帝王定都之地，如今吸引着世界各地的旅人。为了通过艺术（文学、自然、饮食、戏剧以及图案）展现河南的历史，建筑师的设计理念就是将新旧手工艺品"归档"，使建筑成为当地居民与旅客的观光热点。

　　"档案"理念在建筑立面上表现为一系列错落堆叠的盒子，将原始的庞大结构进行了切分，同时又与周围的建筑产生生动的视觉对比。为区分盒子的大小，盒子的玻璃幕墙采用了略有不同的绿色，盒子之间则使用无色的玻璃。盒子侧面由黑色及咖啡色金属板构成，并以穿孔的方式形成河南本地花卉月季花的纹理。由多根铜杆支撑着的两个悬挑雨篷引领顾客由主入口进入。

　　这座25层的建筑由5层高的裙房公共区域以及设有350间客房的主楼组成。裙房的设计灵感来源于附近的历史遗迹龙门石窟这一在开凿于石灰石绝壁的山洞之中体现中国佛教文化的壮美工作。中庭周围开凿的不同孔洞极强地表现了挖掘与雕刻的概念，在视觉上连接了多层的公共区域。自然光束通过上方的天窗进入整个空间，在灰色中国砂岩镶嵌的墙面上产生光影变化。中庭上方则是绿色的窗户及定做的吊灯装置。

　　中庭顶部错落的木盒更细致与低调地体现了洞穴的概念。木盒是反复出现的建筑元素，设计将木材的轻巧与石墙的厚重并列。宴会前厅整个天花及墙面都由折叠的核桃木盒构成，排布不规则但总体高度一致。有一些盒子成为看向中庭空间的窗户，而在SPA区，有些盒子成为嵌入式的镜子。

　　木盒子的特征在日式特色餐厅中体现得尤为突出，整个天花上的核桃木盒高低起伏，若干大木盒悬垂下来形成半开放的私人包房。地面模仿上方天花的模式，像起伏的景观，铺设着不同高度的橡木平台，有些用于就餐。一条之字形白色水磨石小路作为主要交通雕刻了剩余的空间。从室内至室外，木盒的概念延续到了屋顶花园，包括照亮中庭的天窗。

　　郑州建业艾美酒店设有两间餐厅，通过天花板上的开口形成了垂直方向上的视觉联系。中式餐厅私人包房是一系列凸出的黑色网状盒子，通过开口延伸到下方的全日制餐厅，以悬浮的灯盒体块出现，照亮自助餐区域铺开的美食。全日制餐厅的地面和墙壁饰面为定制的瓷砖，结合了古典的代尔夫特蓝色陶瓷和中国传统绘画的笔触，同时结合了源自附近著名的少林寺功夫的主题灵感。

　　酒店最闪耀的场所是三楼的舞会厅，设计将其构想为一个悬挂金色金属网和水晶吊灯的笼子，以戏剧性的方式彰显着奢华质感。墙面向内倾斜，开拓出一条通道的空间，形成酒店另一独有特征。这条诗意小径不仅为注重健康的客人提供了跑道，也是一条观景的休闲步道。这一环路在途中缓缓升起，在最高处可以欣赏屋顶花园的全景，接着再回落到达地下，与健身俱乐部连接。

　　客房设计的核心概念是明暗对比。起居及卧室区采用灰色墙面与核桃木壁板，而面积最小的卫浴则全部使用白色瓷砖，以带有月季花的蚀刻玻璃进行围合。为了突破典型酒店电梯大堂和客房走道无尽的重复和单调，整栋客房塔楼设计有一系列3层高的中庭，其中陈列着艺术装置。中庭各有主题，如神话、自然及文化，将故事的片段垂直分布在客房的每一层。

　　郑州建业艾美酒店是如恩设计研究室目前接手过的规模最大、设计范围最广的项目，任务包括在原有基地上完成全新的建筑设计，从客房、公共空间到特色餐厅的全部室内设计，以及定制家具、标识、景观及其中的一些艺术装置的设计。通过探索不同的比例、肌理、材料及空间，如恩设计用各种各样的框架创造了一个"档案陈列所"。通过与客户紧密的合作以及对城市背景的引用，如恩设计策划了一栋对于旅人而言不仅是一场空间的旅途也是叙述的序列，去享受城市的建筑。

1 外立面   1

2

3

2 落客处
3 入口区

4

5

5 中庭及大堂吧

6

7

1 大堂   7 酒窖
2 团队接待 8 商务中心
3 电梯   9 全日制餐厅
4 前台   10 盥洗室
5 美术馆 11 工作室
6 中庭   12 商店

1 中餐厅
2 中餐厅包房
3 多功能厅
4 卫生间
5 公共区

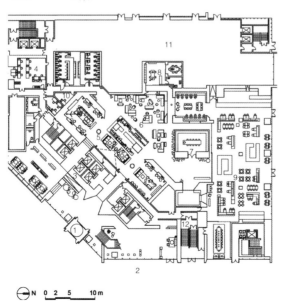
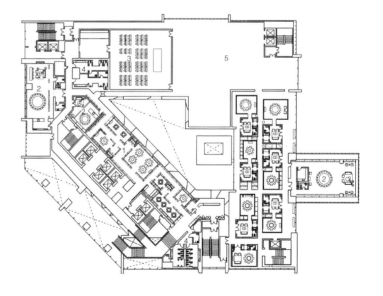

N 0 2 5 10 m

8

9

6 包房
7 大堂及接待区
8 一层平面
9 二层平面

10   10 餐厅装饰

11

12

1 宴会厅
2 宴会前厅 6 会议室
3 吧台 7 董事会会议室
4 多功能室 8 卫生间
5 新娘化妆间 9 工作区

1 跑道 6 男更衣室
2 健身房 7 女更衣室
3 健美操室 8 SPA区
4 泳池 9 VIP SPA室
5 沙龙 10 工作区

11 全日制餐厅
12 中式餐厅公共用餐区
13 三层平面
14 四层平面

13

14

16

SHERATON HUZHOU HOT SPRING RESORT, CHINA
湖州喜来登温泉酒店

MAD建筑事务所 | MAD Architects

项目名称：湖州喜来登温泉酒店

业　　主：上海飞洲集团

建设地点：湖州市吴兴区太湖路

设计单位：MAD建筑事务所

合作设计：上海现代建筑设计（集团）有限公司上海市建筑设计研究院有限公司

用地面积：5 hm²

建筑面积：6.5 万㎡

建筑层数：23层

结构形式：钢筋混凝土核心筒

材料应用：白色铝质环带，玻璃

项目负责人：马岩松，党群，早野洋介

建筑设计：Ony Yam，赵伟，郑涛，张帆，刘进宝，邱高，向明，薛雁，张逸航，马锐，David William，Frank Zhang，Itzhak Samun，芮小龙，傅昌瑞，于魁，Eric Baldosser，王伟，王小朋，叶静芸，谢新宇

结构设计：上海中巍结构工程设计顾问事务所

幕墙顾问：中南幕墙股份有限公司，上海迪蒙幕墙工程技术公司

景观设计：EDSA景观规划设计公司

设计时间：2009年

建成时间：2012年

图纸版权：MAD建筑事务所

　　喜来登温泉酒店地处湖州的南太湖之滨，区域东邻上海、南接杭州，与苏州、无锡隔湖相望。湖州自古就是丝绸之府、鱼米之乡，更是环太湖地区唯一以湖而得名的文化古城。优厚的人文和地理环境奠定了这座建筑既传统又现代的氛围。这座酒店设计的独特之处是把建筑和太湖水景相结合，营造出一种诗意的人造自然景观。

　　喜来登温泉酒店的设计充分利用滨水优势，力图将建筑与自然融为一体。环形的建筑体量和水中的倒影相连，营造了一种真实和幻象交接的超现实图景。在阳光的照射和湖面的反射作用下，曲线的形体晶莹剔透，宛如玉镯。而在夜晚降临之时，楼体的内外照明又让整个建筑通体光亮。酒店周围和水面都弥漫着柔和的光线，犹如湖面之上浮起的一轮明月，与湖中倒影交相辉映，现代意境之中又颇具古典气韵。

　　纯净的环形外观给结构设计带来很大挑战，最终采用结构承载能力强、自重轻、有极优抗震性的"钢筋混凝土核心筒"结构，同时也降低了建造过程中对环境的污染。外围的网状曲面结构使得楼体更为牢固。顶部横跨层通过一种类似拱桥的斜撑钢结构与双筒结构很好地结合，整体相当稳固。酒店立面由水平的白色铝质环带和玻璃层层环绕。这种细密的表皮覆盖方式，形成一种建筑尺度感的错觉和戏剧性。

　　酒店的环形形态让不同位置的客房都有很好的景观，这也增加了建筑各个方向室内空间的自然采光量。酒店顶部的弧形公共空间拥有开阔的视野，这是可以满足大型活动的空中场域。人们置身其中犹如浮于湖面之上，这种非凡的体验让人流连忘返。喜来登温泉酒店关注人和自然的融洽，关注人的感官和精神的双重体验，无疑是湖州人文和自然的新象征。

1

1 酒店立面（摄影：夏至）

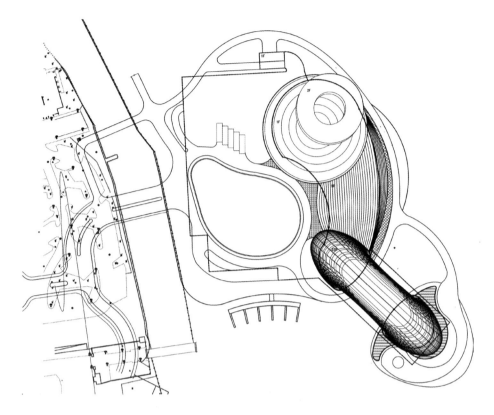

2

3

4

2 总平面
3 餐厅露台（酒店提供）
4 婚礼岛（酒店提供）

5

6

5 大堂酒吧（酒店提供）
6 自助餐厅（酒店提供）

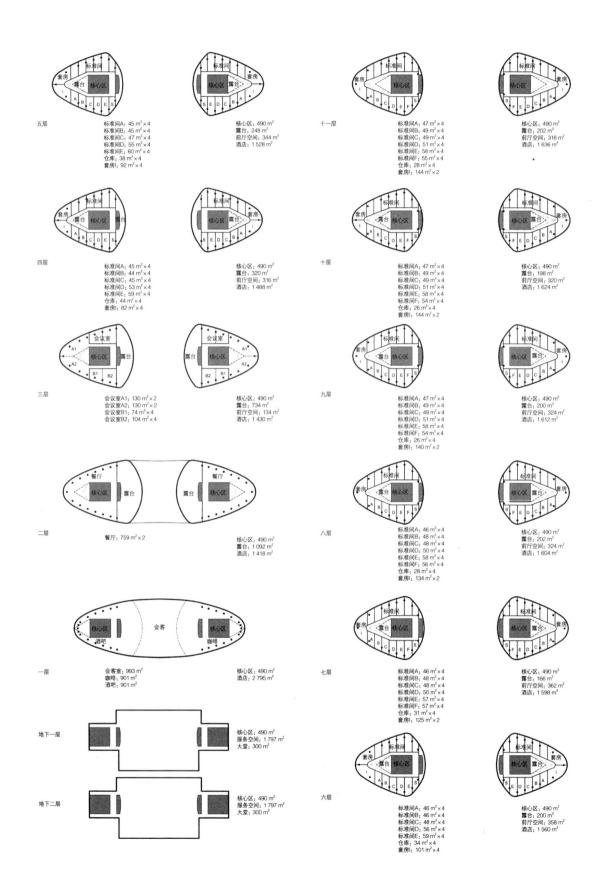

五层
标准间A：45 m²×4
标准间B：45 m²×4
标准间C：47 m²×4
标准间D：55 m²×4
标准间E：60 m²×4
仓库：38 m²×4
套房I：92 m²×4

核心区：490 m²
露台：248 m²
前厅空间：344 m²
酒店：1 528 m²

四层
标准间A：45 m²×4
标准间B：44 m²×4
标准间C：45 m²×4
标准间D：53 m²×4
标准间E：59 m²×4
仓库：44 m²×4
套房I：82 m²×4

核心区：490 m²
露台：320 m²
前厅空间：316 m²
酒店：1 488 m²

三层
会议室A1：130 m²×2
会议室A2：130 m²×2
会议室B1：74 m²×4
会议室B2：104 m²×4

核心区：490 m²
露台：734 m²
前厅空间：134 m²
酒店：1 430 m²

二层
餐厅：759 m²×2

核心区：490 m²
露台：1 092 m²
酒店：1 418 m²

一层
会客室：993 m²
咖啡：901 m²
酒吧：901 m²

核心区：490 m²
酒店：2 795 m²

地下一层
核心区：490 m²
服务空间：1 797 m²
大堂：300 m²

地下二层
核心区：490 m²
服务空间：1 797 m²
大堂：300 m²

十一层
标准间A：47 m²×4
标准间B：49 m²×4
标准间C：49 m²×4
标准间D：51 m²×4
标准间E：58 m²×4
标准间F：55 m²×4
仓库：28 m²×4
套房I：144 m²×2

核心区：490 m²
露台：202 m²
前厅空间：318 m²
酒店：1 636 m²

十层
标准间A：47 m²×4
标准间B：49 m²×4
标准间C：49 m²×4
标准间D：51 m²×4
标准间E：58 m²×4
标准间F：54 m²×4
仓库：26 m²×4
套房I：144 m²×2

核心区：490 m²
露台：198 m²
前厅空间：320 m²
酒店：1 624 m²

九层
标准间A：47 m²×4
标准间B：49 m²×4
标准间C：49 m²×4
标准间D：51 m²×4
标准间F：54 m²×4
仓库：26 m²×4
套房I：140 m²×2

核心区：490 m²
露台：200 m²
前厅空间：324 m²
酒店：1 612 m²

八层
标准间A：46 m²×4
标准间B：48 m²×4
标准间C：48 m²×4
标准间D：50 m²×4
标准间E：58 m²×4
标准间F：56 m²×4
仓库：28 m²×4
套房I：134 m²×2

核心区：490 m²
露台：202 m²
前厅空间：324 m²
酒店：1 604 m²

七层
标准间A：46 m²×4
标准间B：48 m²×4
标准间C：48 m²×4
标准间D：50 m²×4
标准间E：57 m²×4
标准间F：57 m²×4
仓库：31 m²×4
套房I：125 m²×2

核心区：490 m²
露台：166 m²
前厅空间：362 m²
酒店：1 598 m²

六层
标准间A：46 m²×4
标准间B：46 m²×4
标准间C：48 m²×4
标准间E：56 m²×4
标准间F：59 m²×4
仓库：34 m²×4
套房I：101 m²×4

核心区：490 m²
露台：200 m²
前厅空间：358 m²
酒店：1 560 m²

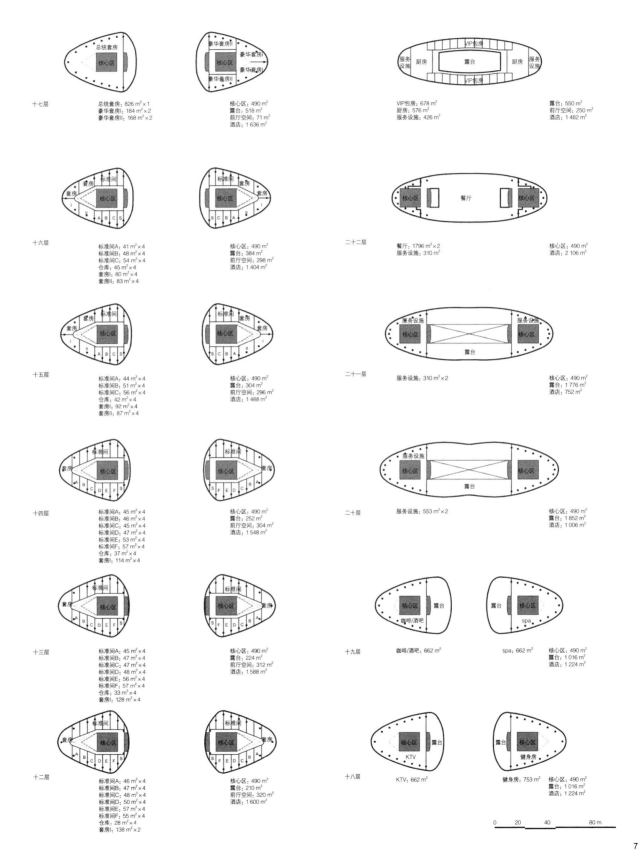

十七层
总统套房: 826 m² × 1
豪华套房I: 184 m² × 2
豪华套房II: 168 m² × 2

核心区: 490 m²
露台: 518 m²
前厅空间: 71 m²
酒店: 1 636 m²

VIP包房: 678 m²
厨房: 576 m²
服务设施: 426 m²

露台: 550 m²
前厅空间: 250 m²
酒店: 1 482 m²

十六层
标准间A: 41 m² × 4
标准间B: 48 m² × 4
标准间C: 54 m² × 4
仓库: 45 m² × 4
套房I: 80 m² × 4
套房II: 83 m² × 4

核心区: 490 m²
露台: 384 m²
前厅空间: 298 m²
酒店: 1 404 m²

二十二层
餐厅: 1 796 m² × 2
服务设施: 310 m²

核心区: 490 m²
酒店: 2 106 m²

十五层
标准间A: 44 m² × 4
标准间B: 51 m² × 4
标准间C: 56 m² × 4
仓库: 42 m² × 4
套房I: 92 m² × 4
套房II: 87 m² × 4

核心区: 490 m²
露台: 304 m²
前厅空间: 296 m²
酒店: 1 488 m²

二十一层
服务设施: 310 m² × 2

核心区: 490 m²
露台: 1 776 m²
酒店: 752 m²

十四层
标准间A: 45 m² × 4
标准间B: 46 m² × 4
标准间C: 45 m² × 4
标准间D: 47 m² × 4
标准间E: 53 m² × 4
标准间F: 57 m² × 4
仓库: 37 m² × 4
套房I: 114 m² × 4

核心区: 490 m²
露台: 252 m²
前厅空间: 304 m²
酒店: 1 548 m²

二十层
服务设施: 553 m² × 2

核心区: 490 m²
露台: 1 852 m²
酒店: 1 006 m²

十三层
标准间A: 45 m² × 4
标准间B: 47 m² × 4
标准间C: 47 m² × 4
标准间D: 48 m² × 4
标准间E: 56 m² × 4
标准间F: 57 m² × 4
仓库: 33 m² × 4
套房I: 128 m² × 4

核心区: 490 m²
露台: 224 m²
前厅空间: 312 m²
酒店: 1 588 m²

十九层
咖啡/酒吧: 662 m²

spa: 662 m²

核心区: 490 m²
露台: 1 016 m²
酒店: 1 224 m²

十二层
标准间A: 46 m² × 4
标准间B: 47 m² × 4
标准间C: 48 m² × 4
标准间D: 50 m² × 4
标准间E: 57 m² × 4
标准间F: 55 m² × 4
仓库: 28 m² × 4
套房I: 138 m² × 2

核心区: 490 m²
露台: 210 m²
前厅空间: 320 m²
酒店: 1 600 m²

十八层
KTV: 662 m²

健身房: 753 m²

核心区: 490 m²
露台: 1 016 m²
酒店: 1 224 m²

0   20   40   80 m

8

9

10

8 商务套房（酒店提供）
9 豪华套房（酒店提供）
10 总统套房（酒店提供）

BEIJING CITIC JINLING HOTEL, CHINA
北京中信金陵酒店

梁丰　周力坦　金爽 I Liang Feng　Zhou Litan　Jin Shuang
中国建筑设计研究院本土设计研究中心 I China Architecture Design & Research Group Land-based Rationalism D.R.C

项目名称：中信金陵酒店

业　　主：中信集团

建设地点：北京平谷

设计单位：中国建筑设计研究院本土设计研究中心

用地面积：25.1 hm²

建筑面积：4.4万 m²

建筑层数：地上8层，地下2层

建筑结构：现浇钢筋混凝土框架剪力墙结构，独立柱基础及人工挖孔桩基础

建筑材料：预制混凝土挂板

项目负责人：崔愷，时红

方案设计：崔愷，周旭梁，时红，梁丰，金爽，周力坦，刘恒，刘爱华，杨益

华，叶水清，周宇，李慧琴

建筑设计：周旭梁，赵晓刚，梁丰，金爽，周力坦，张汝冰

结构设计：朱炳寅，王奇，宋力，杨婷，郭天晗，马振庭，李正，张路

设备设计：王耀堂，李伟，李建业，徐征，祝秀娟，肖婧，樊燕，许冬梅，王莉

智能化设计：张月珍，张雅

总图设计：王雅萍

景观设计：中国城市建设研究院无界景观工作室

室内设计：广州集美组室内设计工程有限公司

设计时间：2010年

建成时间：2012年

图纸版权：中国建筑设计研究院本土设计研究中心

中信金陵酒店位于北京东北部平谷区大华山北麓，距北京城区约90 km。这里属于燕山山脉南麓与华北平原北端的过渡带，虽属山区，山却不高，山势平缓连绵，植被茂密。群山环抱的西峪水库，如同明珠一般，安静秀丽。建筑选址于水库东南方向的山坳，场地坡度较大，三面环山。背山面水的地形特色，幽静、安逸、生态的环境氛围，给予了场地独特的气质。

在这样山水环抱的自然环境中，建筑融入山体，与自然相协调，是设计的出发点。建筑形体从场地出发，依据等高线布置，形成自然的布局，与山体融合。场地面向水库，"观水"是设计的关键。主要功能区面向水面展开，将景观最大限度引入建筑，保证建筑群体和公共空间都拥有良好视野。场地东南方向山体为整个区域的高点，高点与水库漫滩的连线为场所的脊线，建筑空间围绕这一脊线展开。结合地形形成等高线状层层跌落的建筑形体，保持了山体的自然轮廓特征，体现出建筑融于山、人居于山的意境氛围。

功能布局

针对建设用地独特的地理特征和环境氛围，并结合项目多重功能的要求，总平面布置依照"上居下憩，动静分区"的原则，自山坳下水库漫滩、山坳入口伸向场地高处的高台，沿脊线分为多个功能区。

入口前景观环境区，位于现状公路以北至规划过境公路以南的水库区域，结合地形营造山水交融的环境景观，同时考虑人的活动需求。

休闲健身区，位于地段内"山脊"的下半部分，包括地下一、二层，集中设置休闲健身设施以及车库等，该区可以直达景观环境区。

公共活动区，位于整个群体建筑的中部，是形成"山脊"的主要功能组成部分，为酒店的公共服务部分，大堂等公共空间设置于此。

普通客房区，位于地段内"山脊"上半部分两侧，即半山腰位置，为整个群体建筑的东、西两翼。

高级套房区，位于地段内"山脊"顶部，即高台处。

空间营造

公共空间围绕中心"脊线"展开，从入口大堂开始，沿着山势盘旋上升。公共空间两侧布满巨型山石状的功能空间。"巨石"由倾斜的墙体构成，形体与尺度均不相同，异型的洞口与楼板穿插其中，构成了丰富的空间效果。由下至上的交通流线在"巨石"中间穿梭盘旋，宾客行走其中仿佛置身于山中。中心大堂5层通高、层层叠退，形成了大面积的金属屋面，屋面处天窗星星点点，如钻石一般，产生变幻多姿的光影效果。以山石为基本形体的空间逻辑通过金属屋面与玻璃贯穿室内外空间，形成了内外统一的建筑表情。大堂为功能空间的中心，两侧客房顺山势台阶状跌落，充分利用了山地环境及良好的景观朝向，实现了建筑室内外空间环境有机渗透。

环境景观

建筑群体的处理、公共空间及客房的设计都着重营造面向水库

1

的良好视野、视面，使建筑自身造型变化与外围视觉景观联系，同时通过对"山脊"的强化，使建筑本身也成为其中一道亮丽风景。

客房部分体量依山就势，层层跌落，环抱水面，极为舒展。为避免内走道过长而产生沉闷感，我们在建筑形体转折处均设置休息厅。休息厅将层层退台的走道空间在竖向上进行整合，形成了丰富的空间关系，同时面向水面开敞，既为宾客提供了休息交流的场所，又赋予客房空间非同一般的品质。

充分利用建筑背部和山体之间的空间，我们在公共活动区设计了不同性质的庭院，不仅为建筑群体带来更好的内部环境和自然采光、通风，也增加了空间的情趣。景观设计充分考虑现有环境特色，挡土墙形式、植物选择、水景处理均以自然、生态为原则，富有野趣。

外墙材料

外墙装饰材料是表达设计意图的重要元素。如何通过材料诠释出建筑融于自然的态度，同时表达粗犷、壮美的姿态是设计中需要思考的问题。

我们希望外墙材料能够接近山石的颜色，且表面肌理粗犷，尽量营造出自然的效果。而且建筑主立面朝向北侧，大部分时间处于背光面，所以材料表面需要有强烈的凹凸，在光线较差时也能够表达出丰富的表情。外墙材料分格要大尺度，才能够与山石的气势相符。

传统石材肌理细腻，表面起伏很小，材料表情单一。而且受到材料强度限制，石材的分格不能太大。所以大量应用在城市建筑中的传统石材，应用于这个融于山水间的建筑之上显然不合适。

预制混凝土挂板由天然石屑与水泥加工而成，生产工艺可控，颜色、表面肌理、色差等均可以根据需要调整，且可以制作很大的块体，能够满足设计的要求。由拓取自然山石表面肌理制成的模具塑造的混凝土板表面肌理丰富、凹凸明显、表情粗犷。块材做成企口形式，开缝安装。相邻块材间彼此凹凸，表现出垒砌的关系，且在转角处使用一块异型板，充分模拟了自然，赋予建筑粗犷、壮美的姿态。

1 北京中信金陵酒店（广州集美组室内设计工程有限公司提供）

2

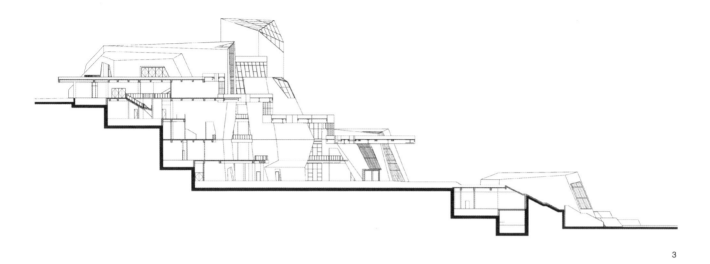

3

4

3 剖面
4 主要功能区（摄影：张广源）

5

5 中心大堂（广州集美组室内
  设计工程有限公司提供）

6

7

6 客房（广州集美组室内设
　计工程有限公司提供）
7 客房浴室前厅（广州集美
　组室内设计工程有限公司
　提供）

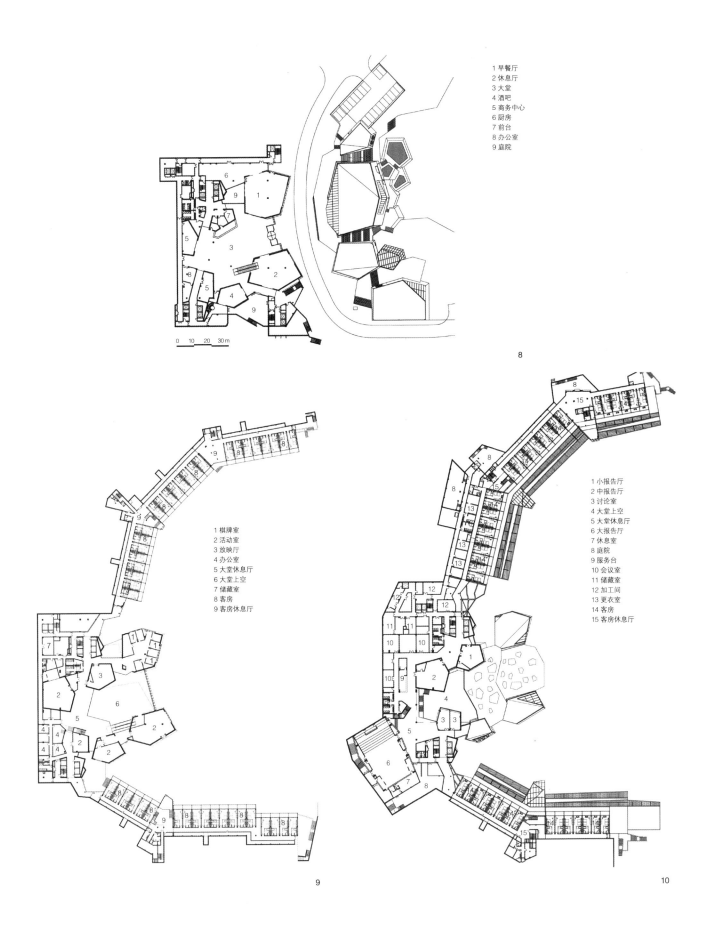

1 早餐厅
2 休息厅
3 大堂
4 酒吧
5 商务中心
6 厨房
7 前台
8 办公室
9 庭院

0 10 20 30 m

8

1 棋牌室
2 活动室
3 放映厅
4 办公室
5 大堂休息厅
6 大堂上空
7 储藏室
8 客房
9 客房休息厅

1 小报告厅
2 中报告厅
3 讨论室
4 大堂上空
5 大堂休息厅
6 大报告厅
7 休息厅
8 庭院
9 服务台
10 会议室
11 储藏室
12 加工间
13 更衣室
14 客房
15 客房休息厅

8 一层平面
9 二层平面
10 四层平面

9

10

11

12

11 走道（广州集美组室内设
　计工程有限公司提供）
12 庭院（广州集美组室内设
　计工程有限公司提供）

SHANGHAI JINMAO CHONGMING HYATT HOTEL, CHINA
上海金茂崇明凯悦酒店

郑士寿 I Andre Zheng
JWDA骏地设计 I JWDA

项目名称：金茂崇明凯悦酒店
建设地点：上海崇明县陈家镇
业　　主：方兴地产（中国）有限公司，金茂（上海）置业有限公司
设计单位：JWDA骏地设计
合作单位：上海现代建筑设计（集团）有限公司
用地面积：3.34 hm²
建筑面积：4.8万 m²
建筑结构：钢筋混凝土框架结构（局部木结构）
建筑材料：涂料，平板玻璃，承压木，维卡木，石材，型钢，陶瓦

建筑层数：6层
项目负责人：郑士寿，潘嵘
建筑设计：唐戎，韩捷，陈诺，梁丽丽
结构/设备设计：上海现代建筑设计（集团）有限公司
景观设计：香港贝尔高林建筑景观设计研究院
设计时间：2013年
建成时间：2014年
图纸版权：JWDA骏地设计

　　位于上海市崇明县陈家镇的崇明休闲度假社区规划地块东至规划纵三河，西至规划纵二河，南至规划中心河，北至揽海路，呈微微弯曲的四边形，地势相对平坦，总面积22 hm²，其中48.5%规划为住宅用地，51.5%规划为商业用地。住宅用地内以开发低密度住宅为主，商业用地内则开发度假酒店、运动会所、企业会所、独栋式酒店和产权式酒店等产品。金茂崇明凯悦酒店为社区三期建设工程。

　　崇明岛一直以来被视为上海的"后花园"，岛上有中国南北海岸线上最大的自然保护区——上海崇明东滩鸟类国家级自然保护区以及东滩湿地公园。这对五星级凯悦酒店的设计来讲既是优势也是挑战：面对宁静的自然、多样的生态，提供繁华都市中的奢侈服务；基于飞速发展的现代节奏，呈现富有底蕴的江南文化。此时，我们的设计态度至关重要。

　　方案没有遵循星级酒店常规的气派、震撼的设计效果，而是创造了分散、低矮、以院落为串联主线的空间模式，通过大小不同、形状各异的十几个院子将酒店的到达区和若干功能空间连接在一起，院院衔接、层层递进，就像一串链条连接着都市纷乱和自然宁静、现代速度和传统典雅。可以想象，若干年后，树木参天，酒店隐于环境，珍贵的鸟类不再因为人类的过度开发而遭受灭顶之灾。

　　虽然场地稍显局促，街道面和景观面都比较窄，但也为设计带来了特殊性，宾客通过一条很长的道路才可抵达落客院子，在离城市街道渐行渐远的途中可以慢慢平静情绪，放松身心，就像品酒一般经过一套程序渐渐达到高潮。

　　酒店落客院子中宁静的气氛带给宾客洗去尘世烦恼的感受。进入大堂，映入眼帘的便是一池、一松和一方天空，木结构的合院大堂四面对称、中心稳定，富有禅意。

　　从大堂出发有4条主要动线，向北是宴会厅和培训中心、娱乐中心方向。与宴会厅、培训中心相连的是一个超大的草坪院落，和长廊、建筑构建户外—半户外—户内的空间序列，可适应多样性的活动。宴会厅还设有独立的出入口直接通往街道，举行大型活动时既不影响客房，也方便人流疏散，同时作为团体客人的出入口。大堂向南下一层是酒店的公共空间，设有中餐厅、茶楼、SPA、健身房、游泳池等休闲设施，共同围绕形成一系列向酒店深处高尔夫球场及温泉会所延伸的户外空间，空间或大或小，或宽或窄，或直或转，并且布置了河、桥、台、榭、石等景观元素，仿佛水乡水街的某个角落。同样向南与大堂同层布置了东、西两条木结构廊桥，它们各自连接起3栋独立分开、方向各异、高低错落的客房楼，廊桥和水街两边建筑有时平行，有时交叉，有时重合，有时分离，空间和形态变幻莫测。在廊桥和每栋客房楼交汇处设垂直交通，电梯直达水街。客房楼、水街两侧的建筑、纵横穿插的廊桥共同形成了上住、下市、前街、后院的江南水乡格局。

　　建筑外观采用偏暖的黑、白、灰色调，与周边环境相协调。三种颜色、三种材质、三种体量，以中国的空间逻辑缠绕交织在一起，坡顶、山墙、木窗格隐约在其中，在绿色、花香和鸟鸣的包围中，呈现出诗意的美感。

建筑风格

　　设计没有刻意追求某种建筑风格，而是一直在探寻项目作为

1

五星级旅游度假酒店应有的
特点以及对未来经营的贡
献。我们称其为"被选择价
值",即未来客人入住这里
的重要理由。这些一定不是
西式建筑风格可以解决的,
当然也不是简单的中式风格
所能及的,而是一定要关联
地方特质。崇明、上海、江
南、鸟岛、自然等因素成为
设计考虑的核心关键词。

　　基于空间序列、木结构
体现出的中式意韵,我们刻
意避免在细部和工艺上运用
视觉化的中式元素。因为家
居、器具、陈设的设计,甚
至人的元素都会带上不同程
度的中式色彩,太过浓郁容
易引发审美疲劳。我们不想
复制传统,而是希望对传统
的语汇进行符合当代审美的
转译和发展。

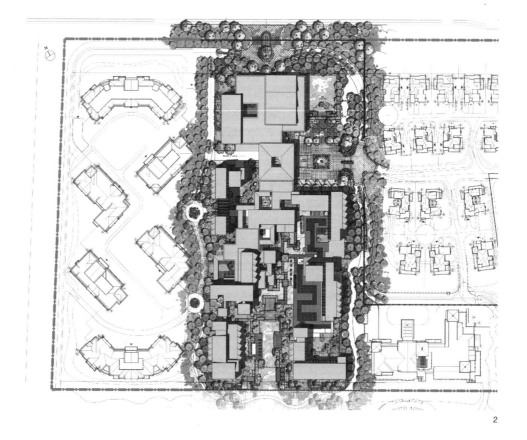

2

1 酒店外观(摄影:胡义杰)
2 总平面

3

3 建筑外观采用黑、白、灰
色调（摄影：胡义杰）

包容与融合是上海的文化特征。无论哪个时代，上海始终充满了模仿、融合或者拼贴，故而杂糅中西的设计理念是对上海特质的表达：不纯粹，不彻底甚至有点矛盾，便是最自然的上海。整个建筑由木结构和混凝土结构的穿插拼贴，看似矛盾，却是最和谐的文化呈现。

木结构

木材是很特殊的一种材料，蕴含着温情、个性、生命的信息，是中国传统的建筑材料，但现在已是非常稀缺的自然材料。秉持对环境负责的态度，我们尽量谨慎使用木材，只在大堂和廊桥这两个画龙点睛的地方使用了真正的木结构。由于木结构的"穿针引线"，建筑氛围变得轻松、自由，富有弹性和张力。

回顾与思考

高级度假酒店可谓酒店中的奢侈品，要设计好它并符合将来的运行逻辑并不容易，需要建筑师了解地方的文化、历史、自然、习俗，熟悉当代建造工艺、科技水平以及酒店运行、商业竞争等逻辑。建筑师和业主需要在充分互相理解、统一价值观的前提下不断平衡上述各方面的因素，进行最佳选择。很多业主往往用城市里高级商务酒店的惯常做法去衡量度假酒店，因而往往与建筑师的观念形成对立，在选材、布局方式、细节处理等方面坚持己见。例如设计度假酒店的建筑师往往喜欢简单朴素的构造方式，哪怕看起来有一点点简陋，这样真实的工艺会令人放松，但大多数业主并不这么认为。所以，一个成功的度假酒店一定是双方充分沟通、高度统一的结果。

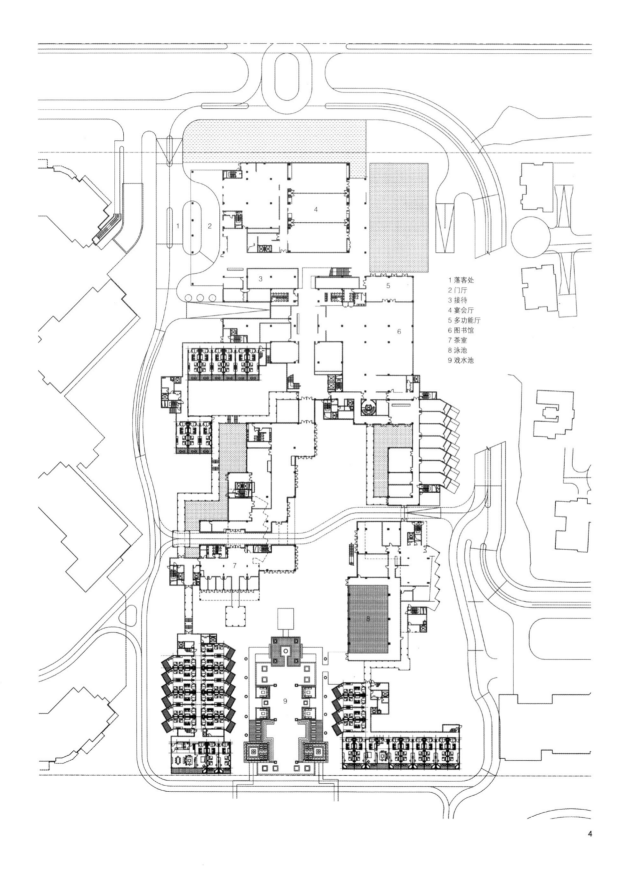

1 落客处
2 门厅
3 接待
4 宴会厅
5 多功能厅
6 图书馆
7 茶室
8 泳池
9 戏水池

4

4 一层平面

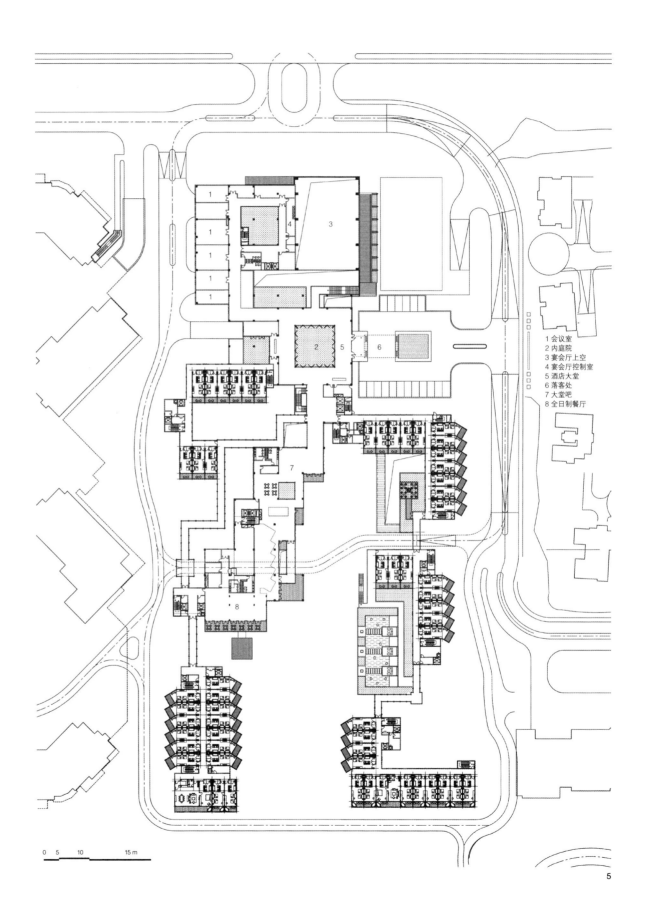

1 会议室
2 内庭院
3 宴会厅上空
4 宴会厅控制室
5 酒店大堂
6 落客处
7 大堂吧
8 全日制餐厅

0   5   10   15 m

5 二层平面

6

6 客房楼（摄影：胡义杰）

7

7 酒店大堂（摄影：胡义杰）

8

8 落客院（摄影：胡义杰）

9

10

11

12

13

11 木结构（摄影：胡义杰）
12 通往餐饮区的楼梯（摄影：
    胡义杰）
13 品月阁中餐厅（酒店提供）

INTERVIEW WITH ARCHITECTS OF JIULIYUNSONG RESORT, HANGZHOU, CHINA
杭州九里云松度假酒店建筑师访谈

受访嘉宾：何峻　GOA资深合伙人，执行总经理，总建筑师　　陈斌鑫　GOA初级合伙人
采访嘉宾：陈斐　GOA建筑师　　吴倩　GOA建筑师

项目名称：杭州九里云松度假酒店
业　　主：杭州九里云松度假酒店有限公司
建设地点：浙江杭州
设计单位：GOA
用地面积：6 765 m²
建筑面积：5 500 m²
建筑层数：局部3层
建筑结构：砖混结构，局部框架
建筑材料：灰色铝合金，米黄色石材，玻璃，柚木，柚木色格栅

项目负责人：何峻
建筑设计：陈斌鑫，谢祥辉，李政
结构设计：胡凌华，余功栓
设备设计：寿广，梅玉龙，张岩宝，葛健，张雪祁
景观设计：上海张唐景观设计事务所
室内设计：香港PAL设计事务所有限公司
幕墙设计：广东金刚幕墙工程有限公司
设计时间：2009年
建成时间：2012年

从喧闹的杭州西湖向西穿过绿树繁密的杭州植物园，或者从杭州城西通过灵溪隧道，可以最快捷地到达杭州灵隐寺景区。九里云松酒店就位于景区的入口道路一侧，与北高峰遥遥相望。

这是一座始建于20世纪后期的混凝土建筑，经过多个业主的交替经营与改建，建筑从一座L形的3层办公楼逐渐演变为局部2层或4层的U形商务酒店。建筑形体复杂，楼层高度错落。杭州的湿润气候和多年的植物生长，使得3层的建筑几乎消隐在茂密的树冠之后。与宜人的自然环境相比，建筑显得昏暗沉闷、封闭暗淡。项目业主对于九里云松酒店改建的期望是一座体现中国传统意味空间的当代商务酒店。对于我们而言，此次建筑的更新并非一次建筑外观和样式的改变，而是在现有的环境和建筑结构基础上，重新安排建筑内部功能及空间，并建立建筑内部与外部统一的空间关系与形式秩序。

（以上文字曾刊载于domus副刊d-plus2011年5月号，李华撰写）

吴倩：九里云松度假酒店作为一个改造项目，场地的既有条件对设计本身存在哪些限制，对设计策略产生哪些影响？

何峻：在当初踏勘场地的时候，我的感受是这块地的外部空间条件并没有给设计带来挑战。因为精品酒店本身需要私密且有想象力的空间，所以我们自然选择了庭院式的设计。项目最大的难题在于它是老房改造项目，建筑结构几乎是不能动的，又位于西湖景区，建筑形式的选择也受到景区管委会的限制。但有了限制反而能做出好的设计，在诸多限制条件下，我们主要考虑的还是空间与材料两方面，即如何运用合适的材料将建筑的内部与外部空间融合起来。

在空间组织上，我们考虑对内部空间进行有限改造，重新创造的外部空间与之一一对应，让使用者能从场地入口到建筑内部形成连续的空间体验。

在材料选择上，不同于通常高档酒店对尊贵冷峻形象的追求，我们挑选的墙面与玻璃色彩较浅，意图营造轻松柔和的空间氛围。

陈斌鑫：对于这个位于西湖景区的改造建筑，我们不能改变它的轮廓、高度和主要结构形式，只能在结合既有结构受力状况的条件下，挖掘新的空间体验，满足新的功能要求，选择恰当的立面更新手段和平面修正方案。与新建项目相比，改建项目中每一种设计想法的实现都需要权衡实施的便利性和造价的经济性。这使得设计概念在深化过程中不断寻求最恰当的表达，导致了更多的设计反复，但也激发了更多突破限制的新点子。

陈斐：最终的设计结果呈现出对场地的尊重，建筑师在场地原有环境中的感受和体验对设计产生哪些影响？

何峻：刚踏入场地的时候我就想，如果能把场地中原有的几棵香樟树用好，这个设计就成功了。我们通过空间划分把原本在一个空间里的树隔开，赋予它们不同的表情，反之树也赋予空间不同的主题。其实做设计时抓住一个可以表现的元素并运用到极致，胜过很多手法的堆砌。我们希望当人们看到外墙上浅色玻璃反射出高大的香樟树时，能产生对江南水乡粉墙黛瓦的联想。项目建成后我再去那里，当时设想的效果的确已经实现了。

1

陈斌鑫：环境的景观特别好，除了有好些较大的香樟树分布在场地各处以外，建筑被大片茶园环抱，在屋顶还可遥望秀丽的北高峰，吹着来自西湖的风，而著名的灵隐寺也在附近，禅茶氛围浓郁。我们在场地中的这些感受都对其后的设计产生了影响。我们希望能把室内外空间连续起来，保留的大树成为庭院的景观，屋顶平台尽可能得以利用，同时建筑的色彩能与环境互相融合，营造宁静平和的建筑韵味。

陈斐：设计过程中对场地原有的物质形态做了多大程度的保留？

陈斌鑫：我们基本保留了场地的原有格局，通过设计新的进入方式和路径，结合高大的香樟树，营造了新的空间序列和场景体验。应该说，建筑和环境的基本特征都得以保留，通过穿行路径的设计，使这些既有条件发挥了新的作用。

吴倩：在酒店中游走的时候能感受到空间被赋予了一种叙事的能力，与场地原始的状态截然不同，设计实现了空间重塑的效果。这种空间感受在设计中是如何通过建筑语言实现的？

陈斌鑫：空间叙事在本项目中就是通过场景讲故事。我们利用围墙将原本含混的外部空间分隔成一个个具有各自不同尺度和环境

主题的庭院，再通过设计一条与环境互动的路径，把这些庭院串联起来。一院一世界。

吴倩：在对外部空间进行处理时，是否会预设或想象使用者的行为？

陈斌鑫：庭院场景的设置更多还是从建筑使用的功能出发。有些以被看为主，有些以使用为主，有些则是作为场所间的转换空间。

陈斐：酒店的入口空间做了独特的处理，设计是出于怎样的考虑？

陈斌鑫：酒店主入口空间面对一片茶园，景观开敞，地势平顺展开。我们首先希望能在空旷茶园创造一个相对低矮的空间，形成收纳的感觉，也希望从茶园看过去，有一个水平展开且比较轻盈的入口。所以一个类似抽象凉亭的水平屋顶成为入口的主体。为了形成进入精品商务酒店的仪式感，我们在入口设置了对称的片墙并在进入的轴线上结合消防楼梯设计了玻璃"灯笼"的对景。前院以保留的高大香樟树为主题，玻璃和墙上的投影创造了生动的空间体验，成为进入酒店的前奏。

1 消隐在茂密的树冠之后的
建筑（摄影：郎水龙）

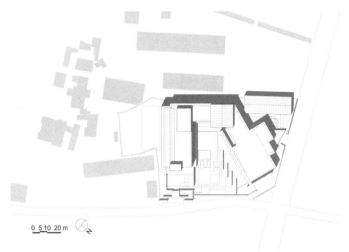

0 5 10 20 m

2

3

2 总平面
3 中央庭院（酒店提供）

4

1 落客院子
2 大堂
3 泳池
4 水悦套房
5 独立园景套房
6 餐厅
7 包房

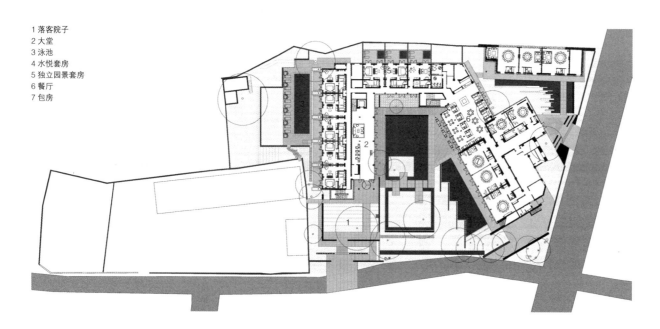

N   0   10   20   30 m

5

4 建筑主入口（摄影：郎水龙）
5 一层平面

6

6 建筑南翼首层连续的长厅
（摄影：郎水龙）

7

8

9

10

7 建筑南侧空地沿客房布置了
  露天泳池，首层的客人可直
  接从房间跃入水中（摄影：
  郎水龙）
8 室内外空间的对应关系使得
  空间具有了看与被看的园林
  体验（摄影：郎水龙）
9 前院（酒店提供）
10 水悦套房（摄影：郎水龙）

11

12

11 独立园景套房（酒店提供）
12 禅房（酒店提供）

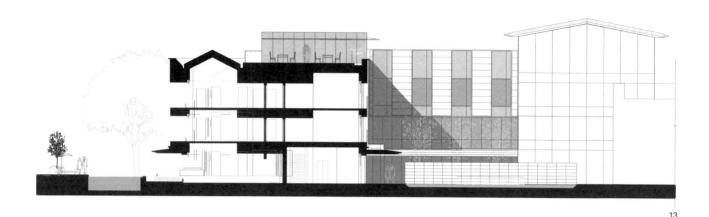

13

14

13 剖面
14 大堂（酒店提供）

THE RENOVATION OF JIAHE BOUTIQUE HOTEL IN JIANGYIN, CHINA

江阴郿山嘉荷酒店

凌克戈　刘轶佳 I Ling Kege　Liu Yijia
上海都设建筑设计有限公司 I Dushe Architectural Design

项目名称：郿山嘉荷酒店
业　　主：江阴市长欣置业有限公司
建设地点：江阴市郿山湾
设计单位：上海都设建筑设计有限公司
用地面积：1 hm²
建筑面积：7 000 m²
建筑层数：5层
建筑结构：框架结构
项目负责人：凌克戈，刘轶佳

结构 / 室内 / 景观设计：上海都设建筑设计有限公司
室内配合设计 / 软装设计：上海蘑菇云工作室
灯光顾问：北京八番竹
机电顾问：汪综纬
设计时间：2012年9月—2013年4月
建成时间：2013年7月
图纸版权：上海都设建筑设计有限公司
摄　　影：苏圣亮

在过去的几年，我设计了很多酒店，但是江阴郿山嘉荷酒店却是我从来没有遇到过的挑战：首先它是一个2006年才建成的办公楼，面积仅为6 000 m²，结构不能做大的调整，要在这样一个小规模的办公楼里面整理出符合酒店管理要求的功能流线是一项很困难的工作；其次，2 500万元人民币的总体投资对于一个50间客房的精品五星级酒店来说是非常紧张的；第三，业主仅有20年的使用权，租方和规划部门不允许修改外立面，仅能在入口增加雨篷等构筑物；第四，酒店没有物业带来的升值，只能靠运营获得理想的回报，这决定了每一个功能都要考虑回报率。这些限制条件都决定了这是一个异于常规的酒店项目。

酒店位于江阴市郊郿山湾，原是当地一级开发商的办公楼，三面临湖，具有较佳的景观。临湖面与入口空间之间的一层高差为增加后勤空间提供了可能。原办公楼里设有食堂、泳池以及一个多功能厅，这些形成酒店的雏形。设计最大的难题就是如何在不改变外立面的情况下打造一个具有吸引力的酒店。

酒店最大的资源在于景观，所以第一要务是尽可能地增加湖景客房，并将功能房间临湖布置。改造后的酒店70%的客房为湖景房，餐厅以及所有的餐饮包房、屋顶酒吧、棋牌室、泳池都具有开阔的观景面，这为酒店的运营带来了极大好处。在此基础上，设计重点考虑了从进入酒店区域到在酒店中的活动流线。没有气派的前景景观，没有阔气的大堂空间，但是我们塑造了一个小巧却引人入胜的入口空间。原建筑有一个较长的入口通道，其中一部分净高8 m，被设计成了封闭的空间，我们称之为"禅意空间"，既是酒店重要的空间节点，也是主要的交通节点。客人到达酒店，首先经

过一个半室外的通道，两侧小小的水面使其仿若一座桥，给客人一种进入性的暗示；到达禅意空间，自动门缓缓拉开，客人从一个明亮的空间进入了一个空灵、昏暗的包裹性空间，空间转化配合禅意的雕塑以及考究的灯光使人内心变得安静；继续前行，通往大堂的自动门徐徐拉开，180° 的湖景像一幅画卷慢慢展开。在不足8 m的长度里营造出这个收放有致的空间序列，使客人获得丰富的感官体验，特别是从禅意空间到湖景画卷的先抑后扬，令其惊喜、激动。让设计者开心而管理者无奈的是，很多客人经历了一次惊喜之后来来回回在两扇自动门间进进出出，极具吸引力的空间塑造导致自动门的检修频率大大增加。

酒店大堂由原来的规划展厅改造而成，是一个面对湖面带有转折的条状空间。临湖面的大堂吧台和前台共同组成了18 m长的原木条桌。大堂吧以放满白瓷的博古架作为背景，并邀请艺术家根据湖对面的远山创作了一幅瓷板画。

大堂将酒店分为东、西两区，东区为客房部分，西区为餐饮会议部分。整个酒店的后勤部分置于入口之下，东侧增加客房服务电梯，西侧增加餐饮后勤电梯，整个酒店的后勤流线能够满足国际酒店管理公司的要求。除了将原有多功能厅改造为一个小型宴会厅，还利用原有通道设置了一个18人会议室以及公共卫生间，并结合疏散要求设置了单独的出入口。

餐饮是郿山嘉荷酒店的一大特色，加之零点餐厅和包房都享有无限湖景及临湖露台，在江阴也是不多见的，因而每天都异常火爆。餐饮后勤电梯及公共客梯可直达屋顶露台，露台结合原有的屋顶斜坡设计了一个景色优美的屋顶酒吧。

1

客房主要由原来的办公室和会议室改造而成。客房种类受原有建筑条件的限制有8种之多，标准化的设计成为必须。标准间客房面积从25 m²到38 m²不等且没有阳台，其中一些房间开间只有4 m，大部分客房面宽虽大但只有5 m进深。针对这些先决条件，我们设计了不同特色的客房。特别是临湖的大面宽客房，浴缸与电视机柜、沙发被设计成一个整体，临窗而放，使38 m²的客房看起来非常宽敞。酒店最大的客房为两间三面临湖的150 m²套房。

健身娱乐设施是衡量一家酒店品位的重要内容。我们首先将原有的4泳道泳池改为3泳道，结合原有通道打造了躺椅休息区，将原有桑拿池改造为健身房，并利用透明无框玻璃分隔，使泳池享有无边湖景。此外，我们说服业主将泳池临湖面的原框架幕墙更换为透明落地玻璃，并采用藤编材料包裹了泳池上部，凸显了界面玻璃的通透。

原有建筑并不具有酒店的形象特征，巨大的雨篷又高又窄且不具有遮雨功能，成为我们能够在外立面做些改变的契机。设计在原有雨篷下增加了一个雨篷，为减少冲突，将增加的雨篷垂直面的中部向后移，成为原有雨篷的基础的同时遮挡了原雨篷的圆柱，巧妙地将两个雨篷处理成为一个整体。

在过去的20年中，国内建设了大量的结构体系不错的建筑，面临着功能调整和外观的整修。本项目花费不足3 000万元人民币的投资打造出一个顶级的特色酒店，相较那些动辄投资几亿元人民币的酒店项目，具有一定的示范作用。从2013年底开业到现在，酒店已经实现了盈利，在目前的市场环境下殊为不易。随着地产价格的趋于合理，在没有大的物业升值的前提下，压缩投资、降低风险并着力于运营是精品酒店发展的方向，大量拥有交通优势或景观资源的老旧建筑也会迎来更多的机遇。

1 入口通道

2

2 增加的雨篷

4

5

5　临湖面的大堂吧台和前台

6

7

6 餐厅
7 屋顶酒吧

8

8 餐饮包房

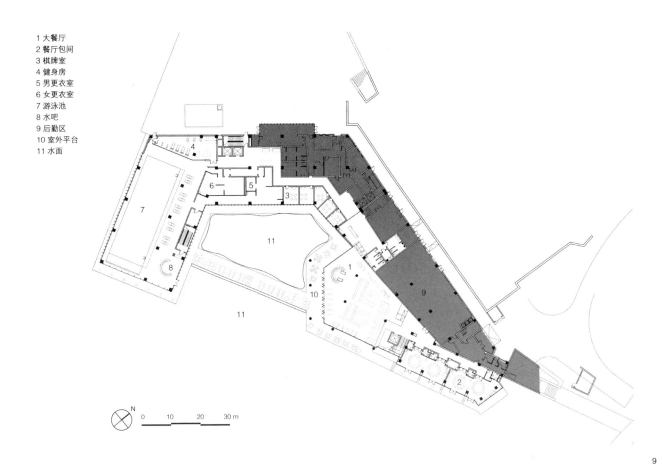

1 大餐厅
2 餐厅包间
3 棋牌室
4 健身房
5 男更衣室
6 女更衣室
7 游泳池
8 水吧
9 后勤区
10 室外平台
11 水面

9

10

9 一层平面
10 泳池及躺椅休息区

1 门厅
2 大堂
3 宴会厅
4 会议室
5 包间
6 标准间
7 大床房
8 泳池上空
9 套房
10 后勤区

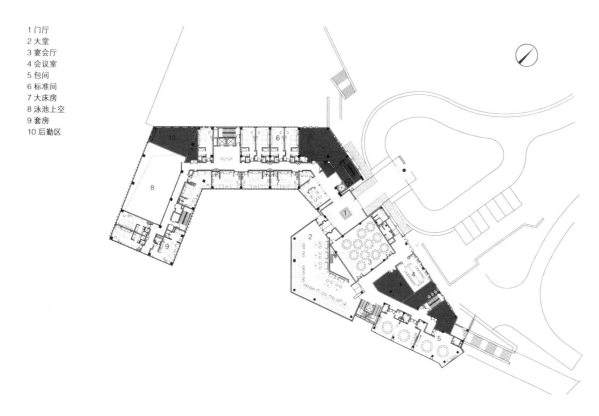

11

12

11 二层平面
12 泳池临湖面的落地玻璃

13

14

1 标准间
2 大床房
3 套房
4 豪华套房
5 后勤区
6 屋顶平台

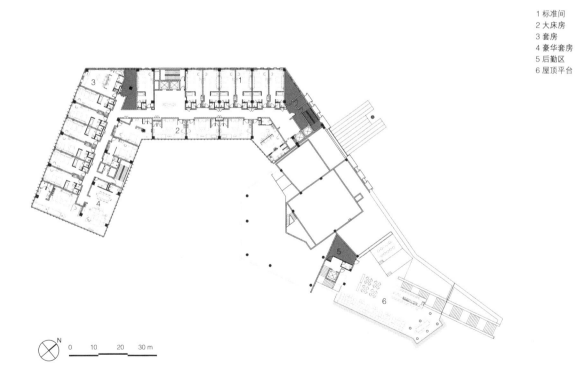

15

13 临湖的大面宽客房
14 临窗而设的浴缸
15 三层平面

BANYAN TREE SHANGHAI ON THE BUND, CHINA
上海北外滩悦榕庄

范佳山 | Fan Jiashan

华东建筑设计研究总院 | East China Architectural Design & Research Institute

项目名称：上海北外滩悦榕庄

建设地点：上海市虹口区公平路19号

业　　主：上海鹏欣（集团）有限公司，上海北沙滩置业有限公司

设计单位：华东建筑设计研究总院

用地面积：6 718.4 m²

合作单位：Mix Studio Works

建筑面积：3.2万 m²（其中地上 1.9万 m²，地下1.3万 m²）

建筑层数：地上11层，地下3层（含2层裙房）

建筑高度：47.95 m

结构形式：框架剪力墙

室内设计：LTW Design Works

幕墙设计：Elite Facade Consultant

灯光设计：LEOX design partnership

景观设计：TOPO

设计时间：2008—2010年

建成时间：2012年

图纸版权：华东建筑设计研究总院

悦榕集团的自然理念

"几世纪以来，世人经常将榕树荫下作为寻求心灵回归与内在平静的处所。悦榕象征着大自然所赋予的放松与舒适，并为世界各地的宾客提供感官休憩的度假环境和寻求心灵回归与内在平静的处所。在悦榕庄，身随简单，顺其自然①。"

上海北外滩悦榕庄作为悦榕旗下的第四家豪华都市度假酒店，致力于成为隐于上海动感活力下却能让人完全放松身心的桃花源，也象征着提供大自然所赋予的放松与舒适感的都市绿洲。

无可比拟的区位景观

上海悦榕庄位于公平路与海平路交口，与众多游轮停靠的上海国际客运中心的距离不足千米，到南京东路和老城厢分别有3 km和4 km的距离，紧邻基地东侧的公平路轮渡仅需6 min航程便可直达陆家嘴，便捷的地理位置却能让人暂别车水马龙的都市喧嚣，沿江的基地形制造出隐秘的独享清幽。

北外滩，黄浦江在此迂回形成一道漂亮的弧线，江东是陆家嘴金融贸易区拔地高塔的鳞次栉比，江西是百年万国建筑博览群的厚重雅致。建筑风格、比例与尺度，甚至两岸的轮廓线都有着强烈的对比与冲击。而悦榕庄所处的独特位置和视角能将此合二为一地展现在一幅画卷中，两岸美景尽收眼底，加之绵延葱郁的北外滩滨江绿地，使之成为名副其实的都市绿洲。

紧凑基地的平面布局

基地面积仅为6 718.4 m²，地上计容建筑面积需控制在17 500 m²以内。基地东西向面宽约155 m，南北进深约66 m，呈狭长的三角形。沿黄浦江绵长的延展面、望向陆家嘴毫无遮挡的极佳视野和基地进深的局限让建筑方案自然生成，即最大程度地利用岸线形成条状形体。特别强调的单廊式格局，使得每一间客房都朝南直面黄浦江，核心筒和走廊均北置。悦榕集团要求设置130间客房（含各类套间），而每间客房面积不得小于60 m²，相应标准层的交通核、走廊、设备空间都被压缩至极致。

客房的标准层占用了13 800 m²，地上仅留出3 700 m²设置公共空间及配套。尽管如此，一层两翼形体中部的酒店主入口仍设置了400 m²挑空两层的大堂及接待区（净高分别为8.95 m和3.65 m），提供令人感到舒适与放松的氛围和尺度。一层西翼设置全日制餐厅与厨房，东翼为悦榕庄最为特色的SPA区入口和能令宾客感受到"购物即艺术"理念的悦榕阁。二层中部为大堂吧，西翼为带有露台的中餐厅包房区，东翼为中餐厅散座区和一间小型日式餐吧。

由于地上空间有限，超五星级酒店必备的其他公共功能被设置在地下，不仅在地下一层打造了能摆放13桌的小型宴会厅，拥有4间不同规格的会议室，可分可合，适用于不同的会议形式，而且在地下三层设置了1 600 m²超大的健身和泳池区。

SPA作为悦榕庄最有特色的空间被置于地下一层至地上一层的西翼空间中，为了最大化利用10.8 m的层高，在此空间中设计了3个楼层，并用开敞楼梯便捷连接，容纳单人、双人和皇家SPA套间11间。为了减少地下空间的压抑感，一层SPA的地面标高设置了一长条挑空采光庭，建筑外侧局部落地做出跌水景观，阳光能通过此空间直接洒到夹层和地下一层的SPA空间内，并让采光庭一侧直落至地下一层的植物绿墙得以进行光合作用。皇家SPA套间的入口处结合一层水景设置采光顶，水波下的光影渲染出幽雅极致、浪漫宁谧的氛围。

二层大堂吧东侧设有可以通往滨江绿地的走廊，室内标高为4.800 m，绿地的标高为3.150 m，可由此拾级而下并直接漫步至滨水区②。

1

匠心独具的客房格局

为保证每一间都享有大于60 m²的客房面积及最充足的景观面，结合基地条件设计了6.7 m×8.8 m的柱网。标准客房按开间方向分置卧房起居空间（4 m面宽）和卫浴更衣储物空间（2.7 m面宽），直面黄浦江的特大浴缸营造了沐浴身心、纯净灵魂的美妙气氛，独有的酒店位置也消解了客人对私密的隐忧。每层3间的悦心池客房位于建筑中部，平面为扇形，卫浴空间置于客房的后端，提供了8 m宽无遮挡的全江景展示面，最大亮点在于正置于窗边长达3 m的泳池，打破了干湿分区的桎梏，只以最大程度地利用景观要素和最极致舒适的度假体验为终极目标。

立面设计的曲折经历

《上海城市规划管理技术规定》要求"建筑高度大于24 m，小于、等于60 m，其最大连续展开面宽的投影不大于70 m"。悦榕庄正位于黄浦江两岸综合开发规划控制范围的重点区域，对于沿江长达120 m的板式建筑形体，规划局提出立面处理要有所区分，视觉上要似两栋建筑的要求。最早期的方案是在南向客房中部加入变化的核心筒，形成活泼的体量以区分东、西两翼。而客房层的有效利用，客房类型、面积的均质可控，又是酒店管理公司最关注的问题，需要在不影响平面使用和体量或立面多样性之间寻到一个平衡点。

2

最终的方案以玻璃幕墙为主基调，在每个客房外幕墙的倾斜角度上做了变化。西翼客房从顶端向下向中部方向形成渐变和退晕，东翼客房选取了最大而不影响室内设计和使用的角度隔层反向跳跃。为凸显对比效果和光影，立面细节取消了原层间出挑取齐的楼板，并将楼板边界跟随幕墙的角度弯折。

传统元素的融合引入

悦榕集团一直秉承亲近自然、地域特色、回归本质和传统的理念，建筑设计围绕中国传统元素展开。抽象的"中国竹"贯穿于整个立面设计之中，从裙房似"竹简"的石材幕墙一直延伸至主楼客房走道的彩釉玻璃，挺拔隽秀。主入口景观以竹林和镜面水景的设计理念整合出"竹庭"的场地环境。竹林的围合，不仅阻隔了海平路的视觉及噪声干扰，还营造出酒店入口区的幽静与典雅。以数个精致的铜板收边水景来环绕整个入口区，静水景的反射作用会使空间在不同时间和角度呈现出多样的景观效果。"竹简"的概念从墙面延伸至地面，并配以暖色调的石材来提升入口区的环境品质。

酒店大堂南侧庭院需设置消防通道及消防登高场地，并正对一段顶标高为3.150 m的防汛墙。景观设计采用镜面水池和湿地植被相结合的方法，减少硬质铺地，为酒店争取更多舒适的视觉空间，

以防汛墙为画纸描绘、营造出仿若人在画中的庭院空间。正对酒店大堂的"松石画卷"通过现代抽象的手法来体现国画中的内在意境和人文精神，利用巨型条石堆砌的体量和视觉冲击力来对应自然风景中的山峦，倒影在水中粼粼、一刚一柔，让客人在酒店大堂就可以看到一幅拙朴震撼的优美画卷。从全日制餐厅看出去是主题景观"波光潋滟"，暗金色的巨石自然堆砌，营造出黄昏日光的效果，并与镜面水景相映成趣。酒店东侧SPA的对景，由抽象的墙体转换过渡为垂直绿化墙，呼应室内功能；地面由镜面水池过渡为湿地植物和草坪，提升了南院的绿化量，更契合自然放松的主题。紧急情况下，可放干浅水恢复为消防环道③。

作为对于环保概念的延伸，本项目是为数不多的使用地源热泵支持的酒店之一。

注释
①本文中涉及悦榕庄酒店管理公司及上海北外滩悦榕庄的部分信息取自http://www.banyantree.com/cn 与http://www.bundbanyantree.com。
②本处的标高为项目的标高，室内0.000 m相当于绝对标高5.050 m。
③此段部分文字节取自景观顾问TOPO提供的景观说明。

2 悦榕庄所处的独特位置
（摄影：范佳山）

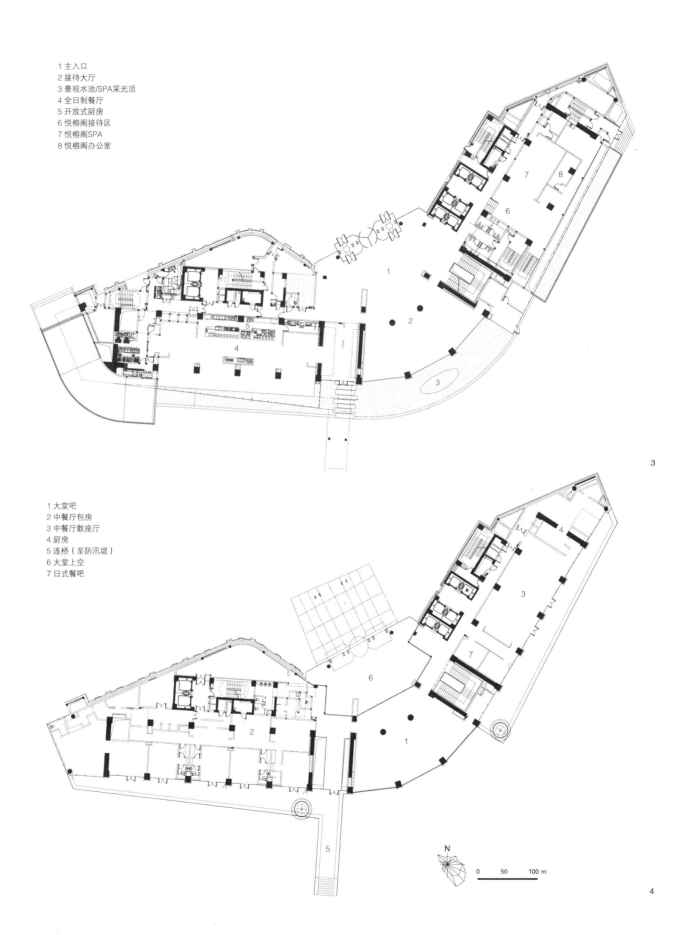

1 主入口
2 接待大厅
3 景观水池/SPA采光顶
4 全日制餐厅
5 开放式厨房
6 悦榕阁接待区
7 悦榕阁SPA
8 悦榕阁办公室

1 大堂吧
2 中餐厅包房
3 中餐厅散座厅
4 厨房
5 连桥（至防汛堤）
6 大堂上空
7 日式餐吧

N

0   50   100 m

3 一层平面
4 二层平面

5

5 客房（酒店提供）

6

7

8

9

10

8 酒店大堂区（摄影：范佳山）
9 全日制餐厅（摄影：范佳山）
10 中餐厅散座区（摄影：范佳山）

11

W VERBIER HOTEL, SWITZERLAND
瑞士韦尔比亚W酒店

Concrete设计事务所 I Concrete Architects
李健美　译 I Translated by Li Jianmei

项目名称：韦尔比亚W酒店
业　　主：Les Trois Rocs, Starwood Hotels
建设地点：瑞士韦尔比亚
设计单位：Concrete设计事务所
建筑面积：1.4 万 m²
建筑层数：3层
建筑结构：框架结构
建筑材料：木材，玻璃

项目负责人：Lisa Hassanzadeh
室内设计：Rob Wagemans, Lisa Hassanzadeh, Daniel Schröter, Keshia
　　　　　Groenendaal, Paula Gäbel, Femke Zumbrink, Sofie Ruytenberg,
　　　　　Erik Van Dillen
设计时间：2010年
建成时间：2013年
图纸版权：Concrete设计事务所
摄　　影：Yves Garneau

对于W这一全球生活方式品牌的首个高山滑雪度假酒店，Concrete设计事务所希望宾客在与酒店周围令人惊叹的景致形成互补和对比的室内获得难忘的体验。空间所形成的流畅线条是设计的特色所在，这线条源自韦尔比亚享有盛名的山地运动——冬季的滑雪和夏季山地自行车——留下的印迹。设计通过以现代的方式重新诠释本土元素，并借助对比性的材料并置呈现韦尔比亚的质朴、美丽、活力与纽约的现代酷感的方式，将著名的韦尔比亚山脉景色引入酒店内。

韦尔比亚的W度假酒店是喜达屋集团旗下品牌，由Les Trois Rocs所有。酒店位于Médran gondola山脚下新开发的Place Blanche之中，4栋传统木屋风格的建筑由现代风格的玻璃中庭连通，为来自全球及当地的爱好者提供直接滑雪进出的高山运动通道。

酒店入口及迎宾区

宾客一进入酒店面对的便是一个6 m宽的壁炉，火的元素与室外白雪皑皑的景致形成强烈反差。同一元素被进一步应用，整个公共区域以及123间现代风格的客房和套房中都设有壁炉。

右转便是两个镶有黄铜及背光照明的理石、由天然石材雕刻而成的迎宾台，在精心设计的灯光下十分醒目。

休闲区

从迎宾台往下走几级台阶，穿过"随时/随需"的酒店前台，就是休闲区。在这一区域，瑞士农舍生活景象再现于W酒店的迷人世界中。置身于占地10 m×3 m、设有由原木打造的沙发座位和壁炉的舒适休闲厅内，可尽览山谷中的美景。由不同类型木材制成的吊灯参照沙发位置悬吊其上，形成呼应。除了木材，设计还选用了其他天然材料，比如皮革、毛毡、羊毛和毛皮，与休息区核心位置使用的黑色和银色光泽的材料以及另一端设计灵感源自冰山的白色玻璃酒吧形成鲜明对比。休闲区延伸至户外平台，在这里宾客可以团身于灯泡形吊椅中俯瞰山谷美景。

巨型楼梯

巨型楼梯位于紧邻休闲区与另一木屋建筑相连的玻璃中庭内。楼梯上设有舒适的长椅，供宾客在此休养、闲逛、会面和相处。白天，人们在此尽览高山美景，夜晚，深红色的灯光亮起，营造出温馨的氛围。

巨型楼梯下特别参照瑞士铁路系统设置的一个显要的红色隧道，将山景引入酒店独有的Carve酒吧。

Carve酒吧

这个隐秘酒吧深藏于山中，只能通过巨型楼梯下醒目的红色隧道进入。围绕酒吧四周沿墙设有限量版的黑色皮质长椅，墙壁和天花板也延续使用了黑色皮质软包。进深的不同使座椅看起来像是从原料中雕刻出来的。天花板中部大面积的背光凸面镜使舞池中发生的一切都在视觉上增倍。

白色空间

白色空间位于休闲厅另一端的玻璃中庭，完全饰以白色，仿佛一幅白色画布，将被用作画廊空间、会议室或演示厅。阳光透过通高的玻璃幕墙洒满整个空间，连接休闲厅和客房区的玻璃天桥由此穿过，白色空间的后部有两间会议室，也可用作绝佳的休息空间。

1

Arola和Eat Hola餐厅

　　酒店的招牌餐厅由一个中央核心分隔成两部分，Arola是整个餐厅更为正式和社交的部分，带有大型的户外平台，就餐者可在此饱览高山景色。在室内部分，一系列片状竖向条板构架将座位区划分成三部分。这些条板可放置于任何位置，从而根据一天中的不同时段提供不同程度的私密性，也可根据旺季和淡季的不同需要，灵活地增加或减少就餐区尺寸及座位数量。

2

3

2 延伸至户外平台的休闲吧
3 两个镶有黄铜及背光照明
  的理石、由天然石材雕刻
  而成的迎宾台

4

4 由不同类型木材制成的吊灯
参照沙发位置悬吊其上，形
成呼应

5

1 巨型楼梯
2 酒吧入口
3 酒吧
4 Eat Hola餐厅
5 Arola餐厅
6 Arola餐厅露台
7 白色空间

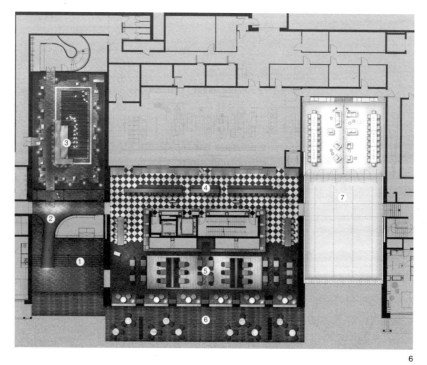

6

5 巨型楼梯
6 一层平面

7

1 巨型楼梯
2 迎宾区
3 休闲区
4 酒吧

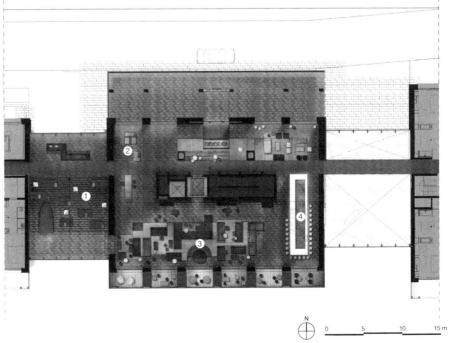

N

0　　　5　　　10　　　15 m

7　红色隧道
8　二层平面

9

1 接待
2 健身房
3 瑜伽室
4 男更衣室
5 女更衣室
6 淋浴室
7 浴疗区
8 浴池

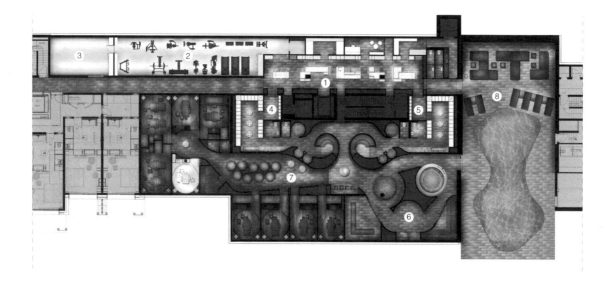

N
0   5   10   15 m

9 酒吧
10   10 三层平面

11

11 客房休息区
12 位于露天平台的泳池

12

THE DARLING, PYRMONT, AUSTRALIA
澳大利亚皮尔蒙特半岛情人港酒店

Cox 建筑事务所 | Cox Architecture
赵丹　译 | Translated by Zhao Dan
项目获得2012年度亚太区International Hotel Awards–Best New Hotel Construction & Design奖项

项目名称：情人港酒店
业　　主：Echo Entertainment
建设地点：澳大利亚皮尔蒙特半岛
设计单位：Cox Architecture
用地面积：4.2 hm²
建筑面积：1.9万 m²
建筑层数：11层
建筑结构：混凝土框架
建筑材料：玻璃幕，砂岩饰面

项目负责人：Russell Lee
建筑设计：Joe Agius
结构设计：Taylor Thomson Whitting
设备设计：AECOM
室内设计：DBI Design
设计时间：2007年
建成时间：2011年
图纸版权：Cox Architecture

历史上，皮尔蒙特半岛曾是悉尼的工业港区。与世界各地的很多港口一样，多年来，皮尔蒙特港也经历了重大的城市更新。该地区保留了规模和形态各异的18和19世纪建筑，包括砂岩别墅、住宅露台、酒吧、码头和仓库，形成了城市独特的历史文脉。

皮尔蒙特发电站占据了该地区的整个城市街区，早在20世纪90年代初，发电站就因星城赌场（Star Casino）的开发而被拆除。由于服务发电站的变电站的废弃和拆除，准备建设新酒店的地块空置了15年，但它一直是该地区酒店开发整体规划的重要组成部分。

基地位于情人港（Darling Harbour）这一包括博物馆、餐厅和会议设施的娱乐和文化区域西侧，与悉尼更大范围的城市环境相融合。酒店正对着历史悠久的皮尔蒙特大桥，并与东侧和北侧的水体间有着极为清晰的视野通廊。

情人港酒店最初的设计目标是为这个重要的地区提供一个标志性的建筑，使悉尼港呈现出独特的面貌，同时与历史悠久的城市肌理的尺度和重要性相呼应。同时，酒店与公共区域的关系也是设计的主要原则之一，以便确保建筑能够对应视野通廊、人行路线以及场地的渗透性，从而与北侧水岸建立连接。

我们希望设计一个清新而现代的建筑，经得起时间的考验，又具有自己的特点，同时能够衬托周边现有的赌场建筑以及半岛上18～19世纪密集且历史悠久的城市环境。从商业角度来看，情人港酒店提供的五星级豪华酒店服务以及日间水疗中心和餐厅等娱乐体验为周边的商业提供了补充，提高了商业的生命力和寿命，同时为周围的居民和上班族提供更多的便利设施。

情人港酒店在2011年建成后，已经成功地实现了所有既定目标，它为酒店客人提供了印象深刻的体验，为公众创造了一个极具活力和吸引力的公共区域，完全符合其独特的定位。

公共区域

经过对环境和城市的仔细分析，我们总结出一系列设计原则，明确并加强了酒店周围和内部以及相邻赌场建筑内部地面层的公众流线。特别是在皮尔蒙特的联合广场（Union Square），由砂岩建筑、咖啡厅和开放空间组成的重获活力的历史遗产区，通过星城娱乐建筑和毗邻街道等城市策略与悉尼港重新连接在一起。

重要的是，情人港酒店的设计为该地区提供了一系列新的"通过式"（through site）连接。其中一条连接酒店大堂，其他路径通往充满活力的商业区，这促进了公众的流动，并将酒店大堂直接与东侧的情人港娱乐区和北侧的水岸公园连接在一起。

3层通高的中庭与爱德华街（Edward Street）对面尺度相似的公共商业区遥相呼应。中庭包括很多有活力的功能，鼓励公众使用，并将联合街（Union Street）上的休闲咖啡和酒吧文化延伸到酒店内。已有的通过式连接的重置以及新连接的创建，提高了公共区域与现有赌场建筑和邻近街道城市肌理之间的渗透性和明确性。

我们对零售、餐饮店铺前空地及其与公共商业区的连接、酒店的多个入口和室外咖啡馆空间进行了策略性布置，使之能够享有冬日午后阳光，这也激活了联合街、皮尔蒙特街和爱德华街上现有的公共区域。

同时，项目还改善了公共区域的行道树、照明和路面，通过这些细节将能够被感知到的公共场域延伸到项目本身。

裙房和塔楼

通过以当代手法对砂岩广泛、大量的使用，以及对东、西侧建筑体量的高度表达，尺度协调的裙房与历史悠久的街区和街景建立了积极的联系。周围很多建筑都使用了皮尔蒙特当地开采的蜜色悉尼砂岩。裙房在联合街一侧明显定义了街道，加强了街区的围合模式，同时通过巨大的玻璃穹顶在东侧和西侧塑造了动感的入口。

裙房坐落在4层地下停车场和卸货平台上。

坐落在裙房之上的塔楼外形修长而独特，最大限度地降低了体量观感，尤其是对周边公共区域的压迫感。

塔楼具有标志性的倾斜的船首形态倾向通往半岛的皮尔蒙特桥方向，为悉尼港（Sydney Harbour）增添了积极而令人印象深刻的形象。东侧和西侧立面被精心设计以获得修长的形态，不仅与周围历史悠久的环境相呼应，同时通过精细的玻璃幕墙体现出自身特点，并与附近星城赌场建筑的预制表皮形成了对比。塔楼的南、北两侧立面特别符合周围的环境。北侧立面蜿蜒的曲线参考了周边塔楼的形式，而南侧立面沿联合街大幅退后，面对街道一侧使用了平坦的玻璃幕墙，保持了街道的统一。

建筑功能布局

酒店大堂位于中庭内，与西侧的车辆通道直接相连。餐厅和咖啡馆与中庭连接，通过跨越中庭的天桥，从电梯核可到达二层的功能空间和三层的日间水疗中心。

双重电梯核的解决方案将服务功能和后勤功能区分开，也为塔楼的结构设计提供了高效的解决方案。酒店客梯设置在大堂东侧，紧邻服务台，西侧设置有一条车道以及货梯。

裙楼的屋顶居北，为北侧客房提供了俯视观景平台、游泳池和酒吧的景致，竹林前的雕刻木床、带有可开启百叶屋顶的酒吧、木屋等提供日夜服务的时尚功能空间，也为酒店客人的休闲提供了一处充满阳光的舒适之地。

客房标准层最大限度地增加了沿塔楼北立面设置的酒店房间数量，为客人提供尽可能多的景观和视野。电梯核和自然采光的消防楼梯沿南侧立面设置，提供了抵挡东、西日晒的保护。

楼层平面的配置提供了多种房间布局，其中单人间位于南侧低层，双人套间位于北侧中间层，顶部两层为带有卧室、起居室和私人游戏室的独一无二的游戏套房。

环境设计措施

新酒店的设计旨在从现有的设施中体现其独特性，其目标群体定位为年轻精英。因此，设计中应该体现出与周围环境在功能和视觉上的高度融合，以及较其他大多数酒店的优越性。

建筑的朝向在建筑的环境方面起到了很大作用。绝大多数的房间朝向北侧，只有极少数房间受到南侧的不利影响。

1

所有的客房可以通过房间两侧的两扇可开启窗实现自然通风，在气候温和的月份获得对流通风。

塔楼为主要的中庭提供了遮阳，中庭高性能双层玻璃屋面板在避免阳光直射和眩光的同时提供了自然采光。同时该空间采取混合通风模式，入口上方的可开启百叶窗和中庭屋顶的高层百叶窗在环境条件适宜时可为中庭提供被动通风。

非居住区域为建筑遮挡了来自东、西两侧强烈的太阳光线，而防火楼梯等区域通过采用自然采光减少了能源消耗。

建筑采用了综合的环保策略，减少了水资源的消耗，地下室修建有大容量的蓄水池回收雨水，经过处理的中水用以冲洗厕所和灌溉。

1 3层通高的中庭（摄影：Brett Boardman Photography）

2 塔楼（摄影：Brett
Boardman Photography）

2

1 大堂
2 餐厅
3 赌场

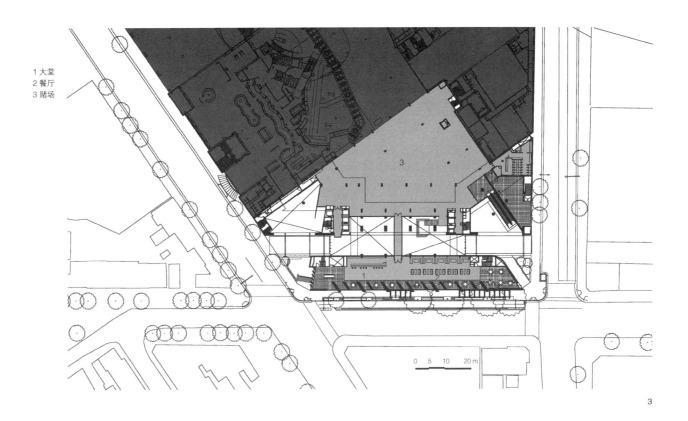

0 5 10   20 m

3

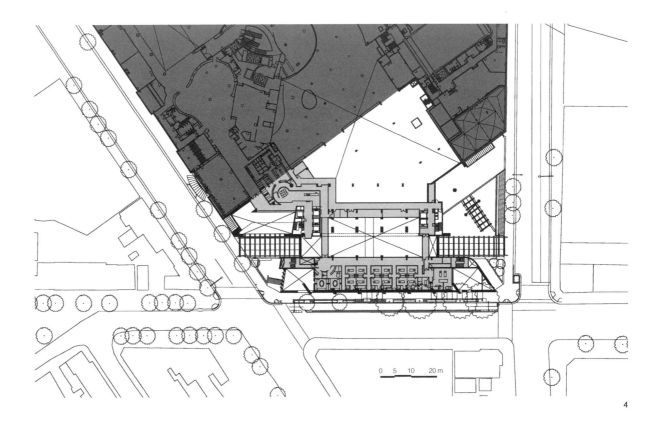

0 5 10   20 m

4

3 一层平面
4 二层平面

5

6

7

8

5 裙房（摄影：B r e t t
Boardman Photography）
6 玻璃顶（摄影：B r e t t
Boardman Photography）
7 公共区域（摄影：B r e t t
Boardman Photography）
8 大堂前台
（DBI Design 提供）

9

10

11